微动作心理

MICRO—ACTION PSYCHOLOGY

梅子 / 编著

WUHAN UNIVERSITY PRESS
武汉大学出版社

图书在版编目（CIP）数据

微动作心理 / 梅子编著 . — 武汉：武汉大学出版社，2018.5
ISBN 978-7-307-20218-4

Ⅰ.微… Ⅱ.梅… Ⅲ.动作心理学－通俗读物 Ⅳ.B84-069

中国版本图书馆 CIP 数据核字 (2018) 第 106562 号

责任编辑：黄朝昉 孟令玲　　责任校对：吴越同　　版式设计：薛桂萍

出版发行：武汉大学出版社　　（430072　武昌　珞珈山）

（电子邮件：cbs22@whu.edu.cn　网址：www.wdp.com.cn）

印刷：三河市德鑫印刷有限公司

开本：880×1230　1/32　　印张：8.25　　　字数：150 千字

版次：2018 年 5 月第 1 版　　2018 年 5 月第 1 次印刷

ISBN 978-7-307-20218-4　　定价：42.00 元

　　人生就是一幕舞台剧，每个人都用浓浓的妆容遮挡了自己真实的内心。此时此刻，站在你面前的他，是语挚情长，还是口是心非？如果你分不清、辨不明，你就很被动。

　　抹去别人处心积虑的伪装，看清他人的面目真假，让他人内心的想法真实呈现，这于我们的生活和事业而言，起着举足轻重的作用。

　　这并非危言耸听。一个人想要在充满变数、随处皆是竞争的社会中保护好自己并抓住机会，就必须做好三件事：一是要有广泛的交际圈；二是要能够对自己的交际圈进行有效管理；三是要能够对交际圈进行充分的开发和利用。而这三件事都离不开一个关键技能——了解别人。所以有老话说"百智之首在于识人"，这丝毫不夸张。

　　有人说，识人太难，"知人知面不知心"，其实也不尽然。因为人的一瞥一瞬，一言一语、一举一动都是有效信息，只要你能读得懂，就会有收获。

就像"全球八大智者"之一的美国著名心理学家、美国谈判协会创办人杰勒德·尼伦伯格所说的那样："与人交流时，只要多关注对方的细微动作，对方的心思就会完全暴露在你眼前。因为不论是多么不经意的小动作，都是心理活动引发的，都能彻底暴露埋得很深的心理状态。"

事实上，或许在那些"预谋已久"的大事情上，人们能够从容伪装，在别人面前表现出自己所希望表现的样子，然而面对突如其来的事情，在受到外界刺激的那一瞬间，他们就会表现出真实的自己。这个真实的自己，就反映在"动作应激微反应"上。这些微动作是人类作为一种生物经过长期进化而遗传、继承下来的本能反应，是无法刻意"装"出来的，因而可以毫不夸张地说，它们是了解一个人内心真实想法的最准确的线索。

《微动作心理》是笔者历经多年研究和实践所积累的大量"动作应激微反应"的理论及案例。本书全方位、多角度地为读者展示了适应时代的"微动作心理"。参照本书多多练习、实践，你就能更细致地观察周围的非语言信息，你将开始学习用眼睛去"聆听"。有了这份深入的了解，你就能够非常专业、轻松、高效地处理好各种人际关系。

目 次
■ Contents ▏

第一章
微动作，一个隐藏很深的告密者

每一个细微动作背后，都可能隐藏着你不知道的真相；每一个细微动作，都是我们了解其他人的入口。语言可以伪装，但人的行为和动作却极容易露出马脚。微动作，一个隐藏很深的告密者，但无论它隐藏得多深，都给我们留下了最有用的线索。

人的表象和内心往往不是一回事

"草萤有耀终非火，荷露虽团岂是珠。"这句诗告诉我们表象和本质有时并不一致。生活中，我们常常被一些看上去很美的假象所迷惑，错把我们看到的表面现象当成了事情的本质，从而掩盖了对真相的了解和认识。

生活中，有些人只是平安时期的朋友，但是这种朋友很难判定，谁都不想为了分辨朋友的真伪，而让自己涉足虚妄之灾，所以这种朋友总是给人一种锦上添花的繁荣。然而，一旦你遇到困难需要帮助，这些"所谓的朋友"就会露出真面目：以各种理由拒绝你，合情合理地不雪中送炭，徒留你一人发出遇人不淑的感慨。

通常情况下，现在的人们很难让别人走进自己的内心世界，无论悲喜，每个人的面部表情都是淡定的，成熟的人很少会仅仅通过表情，就让别人知道自己的来意和目的。

平时，或许你总是看到身边的每个人都微笑着向你走来，而你所回应的微笑也是发自内心的。在路上相遇的两个人，无论是老朋友还是刚刚相识，都相互拍肩问候，亲切地寒暄，大家同坐一张餐桌。一旦求助于他人，对方也常常拍胸脯保证，郑重承诺。久而久之，你便会不自觉地以不设防的真诚向每一个朋友敞开心扉。然而，当你在人生路上真正栽了跟头，才发觉那微笑原来就是一种打招呼的方式，那问候和赞美的背后也深藏着陷阱。

这就表明了人的表象和内心往往不是一回事，人心难测的。但是行走于尘世，身边怎能没有真正的朋友？

所以说，如何识别假朋友，结交真朋友，防止自己落入他人的圈套，成为了我们每个人的人生必修课。

黄亮和周晨同在一个单位里工作，虽然不是亲兄弟，但是两个人好得彼此之间不分你我。甚至有的时候，两个人做同一个业务，互相帮助，圆满地完成了任务。

他们所在的公司制订了一个新的奖励措施——年终贡献奖，金额颇为可观。黄亮家境不好，儿子正好来年要考大学，正愁学费，没想到，公司正好出台了奖励办法。黄亮喜滋滋地和周晨说："我的家庭条件不如你，我加把劲，争取得到这份年终奖。"

周晨当时听了没言语，用手摸了摸鼻子，笑着说："那是肯定的，我一定支持你。"其实他心里也有自己的小算盘——自己老婆的娘家虽然富裕，但是因为总花老婆的钱，没少让小姨子奚落。正好趁着这回有机会，自己也努努力，争取年底用奖金带着老婆到国外旅游。

没过多久，黄亮发现自己的客户都纷纷离自己而去，仔细一问，有的客户向黄亮透露："有人说你为人不地道。"当时就有人提醒黄亮："一定要提防着点周晨。"可黄亮偏偏不相信，他说他们是这么多年的好兄弟，周晨不会为了钱这么对自己的。黄亮没想到的是，在年底的表彰大会上，果然因为自己的客户纷纷倒戈，而使周晨拿到了那笔奖金。

在普通人当中，洞察世事者并不多见，而像黄亮这样心无邪念也无防备者却大有人在。不过，话又说回来，如果黄亮能够通过周晨当时的微动作，知道他的"支持"言不由衷——摸鼻子就是一种说谎的表现——然后提早预防，维护好自己的客户，就不会落得这样的下场。所以，用微动作来分析人心，不失为一个很靠谱的办法。

但是，一个人再怎么隐藏真实的自己，也迟早会露出狐狸尾巴，就像演员一样，在台上是一个样，一到后台便把面具拿下来。只要我们细心观察，并懂得微动作所隐含的"暗语"，就能发现其原形，辨识其真伪。当然，只有经过长期有意识的学习、思考和锻炼，我们才能真正找到一把准确地衡量他人人品和素质的标尺。

想要阅人识人，要事前做好准备

"冰冻三尺，非一日之寒"，任何事情想要获得一定的成效，都要经过一段时间的沉淀；"台上十分钟，台下十年功"，任何震惊世界的发明都要经过无数次的失败；寒窗苦读十几年，才能换得一朝出人头地。识人阅人也是一样，需要经过许多人生的历练才能练就一双火眼金睛。

知己知彼，才能百战不殆，如何做到"知己知彼"呢？最重要的是提前做好准备，只有把各项准备都做到位了，才能保证事情有条不紊地按照既定方向发展。学习识人的智慧也是如此，需要我们做好充分的准备，才能准确地辨别一个人。

小陈刚刚走上社会，是一个职场新人。社会和校园不一样，他以后要面对的是一个鱼龙混杂的世界。刚开始，小陈觉得自己完全不能应付各种各样的社交往来，这让他感到很苦恼。于是，小陈决定通过察言观色，分析不同人的性格，用区别社交方式来缓解自己的社交压力。他买来了很多心理学方面的书，然后照本宣科，直接运用到生活当中。

可是，最后的结果并不理想，小陈的人际关系反而越来越紧张。因为当他按照书里写的方法和他人来往时，发现实际情况和理想相差太远了。

比如，书中提到眼睛是心灵的窗户，看人要从眼睛看起，结果小陈在休息时间没事儿做就偷偷观察同事，他以为没人察觉，其实同事们都觉得小陈很奇怪，对他敬而远之。再比如，书中提到要多和同事交流，从谈吐中识人，结果小陈一打开话匣子就停不下来，对方一句没说，他却把自己的情况说得清清楚楚。

经过长时间的实践之后，小陈觉得自己的社交能力并没有进步。

理想很丰满，现实太骨感。小陈觉得很郁闷，不知道到底哪里出了问题，更别说如何解决这些问题了。

小陈虽然很想提高自己的社交能力，融入到社交中，也通过自己的努力学习了很多识人知识，可是弄巧成拙，最后并没有收获理想的效果，在阅人识人方面，他依然是个"小白"。实际上，问题并不是在学习上，而是在于小陈和他人交往之前，没有做好充分的准备。

因此，想要成为阅人大拿，不想识人不明，在与人交往之前，准备工作一定要做充分，要不然就是白费心血，让自己的付出没有相应的回报。所以，当我们下定决心要掌握识人的技巧时，就一定要做好准备工作，不要像故事中的小陈一样摸不着头脑。

你也许会感到困惑：识人还需要做准备？那我们要准备些什么呢？我们不妨从以下几个方面进行准备，为了让大家记忆起来更轻松，我总结了七字要诀：一看二静三多练。

一看，是说我们要用心观察对方，少说多听，在和对方交往时一定要有耐心，相信自己的付出一定会有回报。在"看"的过程中，我们要注意些什么呢？最重要的是要用心，要把我们的所见所闻都记在心里。假如我们只用眼睛看，对于一些微小的细节不留心、不观察、不分析，那么，就算你整天盯着对方，也对识人阅人的能力没有任何益处。所以说，"看"不止要用眼睛，还要用心。

二静，是说要让我们浮躁的心安静下来，让自己融入人群当中，尽最大的能力和形形色色的人进行交流。多听多思考，才能提升自己识人阅人的能力。假如一个人总是脱离人群，喜欢待在自己的世界里，那不就是装在套子里的人吗？这样的人怎么会有识人能力呢？在日常生活中，难免会遇到和他人起摩擦的时候，如果因为一点小事就切断自己的社交，长此以往，会造成很严重的后果。人是具有社会属性的，如果切断了这种属性，人生不就不完整了吗？所以说，要静下自己浮躁的心，走进人群，和大家多多交流，为学习识人的技巧做好充分的准备。

三要多练。俗话说"光说不练假把式"，假如只学习不实践，那不成了纸上谈兵了吗？因此，要在静心、多看的基础上，多进行实践练习，也就是多进行社交。在与他人交往时，要想办法多从对方身上获取信息，然后择取有用的部分对对方进行分析，为我们提高阅人技巧提供丰富的素材。

只要掌握好了这三点，并炉火纯青地运用到日常社交中去，那么，识人阅人的能力就会进步很多，也能避免一些社交中不必要的麻烦和尴尬。

总之，我们应该明白，要掌握识人阅人的技能和其他事情一样，是不能一下就成功的，需要我们进行多方的学习和准备，常打有准备之仗。

察言观色，才能立于社交不败之地

语言是观察人最直观的途径，通过一个人说话的方式和说话内容，很容易就能判断出一个人的性格特点，"看穿"一个人的内心。所以说，通过语言就能把握对方的心理活动，绝不是说说而已。

为什么大多数人都习惯通过一个人的语言去分析这个人呢？虽然表面上人们想隐藏一些不想让他人知道的事情，但是，当你说话时，总会不自觉地透露一些小秘密。而且，这些小秘密不仅隐藏在说话的内容里，从谈话展开的方式上，我们也有迹可循。假如我们能仔细体会一个人的"话"，一定能获得不少的信息，从而了解这个人。

比如，一些比较单纯，没什么心眼的人，喜欢把所有情绪都写在脸上，遇到芝麻大点的小事就要讲给朋友和身边的人听，这样的人通常没什么城府，情商也很低。

再比如说，有的人和对方刚认识就相见恨晚似的，一股脑儿把自己的事情跟对方讲，还声情并茂地，也不顾对方的感受。表面上这种行为让人觉得他耿直、真实，实际上，他能对你如此，就能对别人也如此，以自我为中心是这类人的通病。通常来说，这类人是不真诚的，他只不过是把你当作一个"垃圾桶"，暂且缓解一下自己的情绪而已，在生活中，这样的人是绝对不能深交的。在和这类人沟通时，最直接的办法就是只听不说，当作一般朋友就行了。

著名的心理学家弗洛伊德曾说："人是没有秘密可言的。即使他们口不作声，手指头的细微动作也会出卖他们。我们身上的每一个毛孔都是秘密的发声器。"因此，除了"听话"，我们还能通过"看脸"来发现一些真实情况。这里的"看脸"可不是看一个人长得帅不帅，美不美，而是要仔细观察一个人的面部表情。

国足和葡萄牙交锋后惨败，这时，刚好安排了记者采访。记者一走进休息室，就感到一股前所未有的杀气，队员们板着脸，手握着拳。他赶紧从休息室走出来，延迟了这次采访。因为这位记者知道，国足队员们不是在耍大牌，而是输了比赛，正在生气呢。

试想一下，假如这位记者很没眼力，一定要把这次采访做完，那么最后的结果一定不乐观。看来这位记者是个久经沙场的"老司机"，很会察言观色。

想要在社交中处于不败之地，察言观色的能力是必须具备的。通常，一个人的言谈举止确实能透露出他此时的情绪，看脸色也能知道此人心情好不好。但是并不是每个人都会把心里的感觉真实地反映在脸上，恰恰相反，很多人内心很难过，但是脸上却笑得很开心。因此，我们还要学会听言外之意，这样才能帮助我们更好地了解一个人。假如你不会察言观色，听不到对方的弦外之音，就很容易让自己陷入尴尬的社交境地。

在实际的社交中，假如我们每个人都学会察言观色，并根据实际情况改变自己的应对策略，那么，我们的社交能力一定会更上一层楼。

　　小郭是一家私企的客户经理，每个月发工资的时候是他最开心的时候，可是今天却乐极生悲，在回家的地铁上，他的钱包被偷走了。当小郭小小心翼翼地走进家门时，女朋友立刻没好气地质问小郭："你今天怎么回来这么晚？"小郭马上就道出了实情。小郭明白这个"意外"是不可能瞒过女朋友的，所以只好向女朋友"坦白从宽"，希望她能原谅自己。出乎意料的是，他的坦白并没有得到女朋友的理解和原谅，女朋友火冒三丈，把他骂了个狗血淋头。

　　平日善解人意的女友突然一反常态，小郭感到很纳闷。后来，小郭从女朋友口中得知，那天她因为同事的一点失误被上司批评，又和同事发生了摩擦，到家后心里依然乌云密布。而小郭的坦白无疑是火上浇油，于是他就接受了一次狂风暴雨般的"洗礼"。

　　长辈们经常教育我们："出门看天色，进门看脸色。"小郭的坦白并没有让女朋友原谅，反而还挨了一顿骂，根本原因就是他不会察言观色。如果他进门时先看看女朋友的脸色，发觉女朋友现在心情不是很好，暂缓"坦白"计划，就能避免那一顿训斥了。

　　察言观色，不仅仅是看对方的脸色，还要看对方的行为举止、神态动作，对这些细节进行观察，能让我们的参考信息更完整，对一个人的了解更透彻。因为很多行为神态都是无意识的，而这些无意识的行为神态最能反映一个人的真情实感。

心理学家表示，外部环境对人类大脑的刺激，会让人体内某些机能出现短暂性的紊乱。也就是说，我们的喜怒哀乐，不仅能通过语言表达出来，还能通过一些细小的，我们自己都察觉不到的神态反应表达出来。另外，由于人与人的差异性，有的人会通过一些特殊动作来表达特定的情感，这就要我们具体问题具体分析，更加细心地观察了。

还有一点值得我们注意，通常在社交中，双方总是会克制自己的情绪，不让对方看出来自己在想什么，这样能避免一些问题，防止节外生枝。然而，人类不是神仙，没有透视眼，不能把一个人分析得绝对正确。有的人擅长"攻心"，欲擒故纵，让自己在社交中始终处于主动地位。你想知道什么，他就让你知道什么，你觉得他说的是真的吗？信则有，不信则无。

当我们遇到这类人的时候应该如何应对呢？针对这一点，我们要学会抓住"决定性瞬间"。再高明的"攻心"高手都不可能把自己隐藏得天衣无缝，在众多具有迷惑性的表情中发现最不同的那一个，就是"决定性瞬间"，这才是重点。你觉得这样就行了？真是太傻太天真了，对于聪明的人类来说，弥补表情泄露信息的能力也是十分高超的。一个人不会让你长时间观察他，坐等被看穿的，所以说，时机贵如金。至于"决定性瞬间"的具体表现是什么，如何才能抓住，就要看具体的情况了，"决定性瞬间"来得太快就像龙卷风，无迹可寻。

　　因此，在社交中，我们必须要认真地"察言"，还要仔细地"观色"，把这两者紧紧地结合起来，相信你的社交能力一定会更上一层楼。

细微处露天机，读懂微动作看人不走眼

　　在社交过程中，想要捕捉对方的情绪，把握对方的性格特点，找到最合适彼此的交流方式，可以从一些细微处观察对方的行为。就拿穿衣打扮来说，通过一个人的穿衣风格就大致能判断出他是哪种人——性格活泼、爱交际以及处于兴奋情绪中的人通常打扮时尚；而那些沉默寡言，性格内向，情绪较低沉的人，穿衣打扮也较为朴素。因此，要想看清楚一个人，只要多注意一些细微处就行了。

　　这天，阿琪正在家里做家务，门铃响了，打开门一看，是自己的朋友潇潇。潇潇平时是一个非常注重打扮的女孩儿，今天也不例外，她的衣服搭配得非常好，化着精致的妆容。潇潇进门后，大大咧咧地对阿琪说："我想来你这儿蹭顿饭吃。"阿琪一边继续做家务，一边笑着说："你哪天没来蹭饭？"说完她看了潇潇一眼，潇潇虽然脸上笑着，但两只手却紧紧地握在一起，眼神空洞。

看到这里，阿琪觉得有些不对劲，就停下手里的活儿，坐到潇潇旁边，轻声问她："你是不是遇上什么事儿了？"听到阿琪这么一说，潇潇一下子就哭了出来，说："我男朋友要跟我分手，上个月我们还在讨论结婚的事情，他今天跟我说要分手！"阿琪听了，松了一口气，便安慰了潇潇一番。待潇潇情绪好一点后，两人一起去厨房做饭。

　　在厨房，潇潇好奇地问阿琪："你怎么知道我不对劲啊？我在来你家之前回了一趟我爸妈家，他们都没看出来。"

　　阿琪笑着说："虽然你今天跟以前一样打扮得很漂亮，也面带笑容，表面看起来好像没什么事，但我看到你的两只手紧紧地握在一起，和我说话时，眼神也很空洞，直愣愣地望着前面的茶几。这说明你心里有事，只是没有表露出来。"

　　作为成年人，大部分人或出于善意，不想让父母、朋友为自己担心；或出于礼貌，隐藏自己的真实心情；或出于商业目的，伪装自己真实的性格……不管出于什么目的，只要我们像阿琪一样，仔细观察细微处，就会读懂别人。细微处露天机，可以让我们看人不走眼。

　　比如，我们的面部就是一个巨大的信息集散中心，推断一个人正处于什么心情，最直观的就是看他的表情，而观察表情最重要的就是看眼睛。假如对方的眼神很深邃，说明这个人城府很深，想事情很全面，很理智，与这类人来往，自己也要多个心眼，说话要三思；假如对方的眼神很干净清澈，说明这个人心思很纯良，想法比较单一，只适合聊一些比较浅显的话题，不能说太多太深奥的东西，聊天的内容最好轻松简单一点，这样就很容易获得对方的信任。

除了面部的微动作，要想看清一个人，还可以通过对方的行为、说话方式等细节来判断。

比如，我们可以从讲话内容判断一个人的心理活动和情绪。有的人心里正在担心某事，就会不断说这个话题，就算你把话题转移到另一个地方，他们还是会绕回来。假如对方一直用很简短、很敷衍的话语在应付你，说明对方不想继续和你聊天；相反，如果对方想讨好你、巴结你，就会点头哈腰，对你百依百顺，你说什么他都认可。假如一个人虽然讲话滔滔不绝，但是毫无逻辑，不知所云，说明此人一定有心事。如果对方对你很尊重，那么他对你说的每一句话都是很恰当的，是经过思考的，如果你明显感觉对方是在恭维你，他很可能是在嫉妒你，捧杀你。

另外，通过对方讲话的语音语调的细微处，也能判断出一个人的心理。假如对方对你不怀好意，甚至纯粹就是讨厌你，那么他的语速就会很慢，甚至还会带些不耐烦；假如对方在撒谎，或者对你有愧，那么他的语速就会很快，并企图以此掩盖自己的心虚；假如一个平时很安静的人，突然变成一个话痨，说明他的心里一定藏着什么不想被大家知道的事情；相反的，一个能说会道、口若悬河的人突然变得很安静，也可能是同样的情况；如果对方讲话的语调很高，说明他想压制你；相反，一个对自己很有自信的人，则会气定神闲，讲话字字句句铿锵有力，很有节奏感。

除了说话方式，一个人的肢体语言和穿衣打扮的细微处也能"漏"出一个人的"天机"。

比如，一个兴致勃勃的人在与他人交谈时，一定是满面春风，手舞足蹈，情到浓处，说不定还会有更夸张的动作；而一个十分紧张的人，精神高度紧绷，动作会不受自己控制，也许还会肢体不协调；当一个人正陷入深深的思考中时，肢体动作也会随着思考的进行而变化，时不时摸摸头，撑住下巴，或者双手抱胸；一个想要展示自己力量的人，会把自己的手指节捏得咔哒咔哒响，还会左右歪歪头，做一些放松动作；当一个人把胳膊交叉起来时，说明此人已经对你不感兴趣了，说不定还有些看不起你。

假如对方穿着比较休闲、随意，说明这是一个很自在的人，对生活的态度很随意，适合在业余时间相约做一些户外活动；假如对方喜欢西装革履，说明这个人很严谨、顽固，在这种人面前做事一定要小心谨慎，不要出差错，和这类人约会时，最好把地点选在一些安静正式的地方。女性如果喜欢穿颜色鲜亮的衣服，说明她是一个比较活泼的人，心胸比较宽广；如果一位女士喜欢穿深色或者冷色调的衣服，则说明这是一个非常独立、有想法的女士。

事实上，细微处的微动作有很多，只要我们在生活中事事留心、处处留意，就一定能发现对方的真实性格特点以及他的各种喜好，等等。如果你是一名销售人员，可以多留意顾客细微处的动作，采取相应的销售话术，成功拿下订单；如果你是一名老师，可以多观察学生细微处的动作，实施相应的教育方法，因材施教才是最好的教育；如果你是一名单身人士，想要找一个合适的恋人，也要从一些细微处观察这个人是否适合自己，以后能不能相处得来……

六祖慧能说："一花一世界，一叶一菩提。"想要看究竟，处处细留心。在与人交往的过程中，只要我们用心留意，总可以通过一些细微处观察和了解一个人。

八大微错误，最易影响你的读心判断

元杂剧《半夜雷轰福碑》中有这样一句唱词："越聪明越受聪明苦，越痴呆越享了痴呆福，越糊涂越有了糊涂富。"这句唱词说明，要是在识人上有了误会，君主误用了奸臣，人们是非不分，这个社会还如何稳定？

我们想要吸取前车之鉴，不走前人走过的老路，就必须弄清楚我们在识人用人上有哪些误区。知道这些误区，我们才好对症下药。总的来说，有以下八点。

误区一：没有设身处地想问题

俗话说"不当家不知柴米油盐贵"，仔细想想这句话的意思，我们会收获不少。

当我们看到一个人做出常人无法理解的行为时，常常会问："这个人为什么要这么做？"我们之所以会有这样的疑问，是因为我们没有设身处地地想问题。假如你把自己放在和对方一样的立场上，你会怎么做？是不是就能稍微理解了呢？也许你会发现，自己还不如别人呢。

思文在当小职员的时候，经常在背后议论主管，说主管能力太差了："就这点小事也值得想了又想？""一点领导气概都没有！"还对同事说："假如我当上了主管，肯定会扭转现在的局面。"没过多久，主管升职了，他推荐思文接替自己，负责部门的日常工作，结果一段时间下来，也不过如此。思文感叹说："真是不当家不知柴米油盐贵啊，没想到处理事情这么复杂。看来主管只是身不由己，不是优柔寡断啊。局面这么复杂，还能把事情处理得井井有条，真不简单。"

设身处地地想问题，不仅有利于促进良好的人际关系，还能通过"感同身受"了解别人此时的处境，这也是了解对方的一个好方法。

设身处地地想问题，有助于我们把问题看得更深入，把人了解得更透彻。

误区二：害怕大胆假设

想要认识、分析一个人，不如先根据自己对此人的第一印象做一个大致的分类，大胆假设这个人就是这一类型的，然后再根据进一步的了解和观察，看看我们的假设是否正确。假如假设正确，那就说明此人就是这一类人；假如假设错误，我们就要重新对此人进行分类。假如此人有这个分类的特征，但是也有其他分类的特征，这是正常的情况。至少，我们已经对周围的人有了初步的认识，在社交中我们也有了初步的规划。

数学家高斯曾说："如果没有某种大胆放肆的猜测，一般是不可能有知识的进展的。"识人也是这个道理。

然而，大胆假设之后还要小心论证，小心论证的基础是要具备丰富的识人技巧，不会落入对方的陷阱，在社交中处于主动地位。对身边的人进行分类是很有必要的，但是更重要的是最后的结论要与事实相符。

我们大可以放心假设，因为这些假设只有天知地知你知，还怕什么失误呢？

误区三："先入为主"是大忌

在和一个人第一次见面时，我们通常会看对方的外表，比方说长相、气质、穿衣风格，等等，通常来说，这些因素决定了第一印象的好坏。

一个人给我们留下的第一印象，会影响我们以后对这个人的判断。但是，我们识人不能总以第一印象论好坏。第一印象只是一个入口，但不是终点。因为，第一次见面对这个人进行判断的时候，参考信息是不完整的，如果第一印象中掺杂了主观因素，比如说你心情好的时候，看谁都好；心情郁闷的时候，看谁都是假想敌，这就导致第一印象本来就是错误的。所以，第一印象只是一个非常片面的反映。因此，先入为主是识人过程中的大忌，我们应该摈弃第一印象对我们的影响，努力把一个人看得更真实。

不了解事情的真相，就不能理智客观地思考问题。有的人喜欢思考，可是在思考问题时，总是抓着那些先入为主的观点不放，忽略真正有用的信息，这样得出来的结论势必会和实际情况产生偏差。还有的人只是道听途说，就对一个人做出了分析和判断，甚至在见面后，还固执地觉得对方就是这样的人。

先入为主蒙蔽了大家探究真相的双眼，我们必须拨云见日，看清事实。纠正先入为主的最好的办法，就是把感情和事实分开，用客观的眼光看问题。

误区四：把握不好人与人之间的距离

国外有这样一句谚语："英雄的妻子，不知道自己的丈夫是英雄。"为什么会这样呢？因为朝夕相伴的人，距离太近，已经对对方非常熟悉了，也就察觉不到对方有什么变化。

我们常说要深入地了解一个人，就要多和他相处，但是，距离太近反而会出现感知偏差，有许多细节反而不太容易被发现。

心理学家表示，想要对一个人有一个正确客观的认识，不需要整天围着他转，相处得过分亲密。在相处时间长短、亲密程度和客观认识这几个参数之间，一定存在着某种方程。想要准确识人，离不开恰如其分的距离，就像火把一样，你离火把太近，会烫伤自己；而离火把太远，又会冻着自己。

距离和时间是相互依存的，假如有一方面不恰当，就会影响最后的结果，同时，长时间的相处可能会模糊一些信息，影响识人的准确性，"情人眼里出西施"就是这个道理。我们要明白，有时候熟悉一个人，不代表你真正了解这个人。

因此，想要正确识人，还要把握好人与人之间的距离。

误区五：戴着有色眼镜看人

培根曾说："情感以无数的，而且有时是觉察不到的方式，来渲染和感染人的理智。"我们会觉得识人很复杂，是因为我们的理性常常被感情控制，让我们误入歧途，影响判断。

当我们觉得一个人是好人时，那么他做的一切事情都是正确的，积极的；当我们判定一个人是坏人时，就觉得他做的所有事都是坏事，不值得被相信，甚至他做一件好事也会被说成"图谋不轨"。

单凭感情看人，会越看越模糊，形成偏见。

偏见存在于我们每个人的身上，认识有局限，感情有偏心，人们不会那么轻易就了解一个人。当我们的"偏见"大于"理智"，再想纠正就很难了。"不识庐山真面目，只缘身在此山中"，只有跳出偏见，摆脱感情的束缚，才能正确认识一个人。

误区六：从不独立思考

兼听则明，偏信则暗，多听听别人的观点能够让自己判断的准确性更高一些。但是，当证实自己的观点是正确的之后，就不要轻易听信他人的话，左右自己的观点了，就算全世界与你为敌，你也要坚持真理，就像坚持"日心说"的哥白尼一样。

但是，有一点需要注意，虽然要独立思考，但是万万不可固执己见，要把握分寸、冷静、客观地面对他人的意见。特别是年轻人，世界观和人生观都还不是很成熟，对他人的依赖性很大，所以很容易对自己的思想产生怀疑，动摇自己的想法。

一万个人眼中有一万个哈姆雷特，不同的人有不同的思维方式，这是毋庸置疑的客观事实，是一种正常现象。

所以说，偏见不能有，立场不可无。我们要知道，大脑比耳朵更靠谱，如果不用自己的大脑进行独立思考，兼听再多也都是无用功。

误区七：不会用比较法

有句俗话说得好，"货比三家不上当"，识人也是如此。见的人多了，自然就会看出来这个人和那个人的差别。

比较法，是我们探索世界、研究未知的一种常用方法，在我们的日常生活中随处可见。比方说，一位顾客说："这件衣服好贵啊。"她之所以觉得衣服太贵，是和另外一间店铺的价格相比，隔壁只要 200 元，这一家却要 500 元。又比方说，一位家长对孩子说："不错，这次考试有进步。"这是和孩子过去成绩不理想时做比较。我们说一个人漂亮、帅气、大方、小气、聪明，都是经过和其他人的对比之后做出的结论。

比较心理是人们的普遍心理，没有人会不比较，关键在于和什么比，怎么比。假如使用的比较方法正确，那么最后的结果也会令人满意。

古诗云："横看成岭侧成峰，远近高低各不同。"如果只横着看，不竖着看，或者只看近处不看远处，又怎么会识得庐山真面目呢？

比较法是一个识人的好方法，它能帮助我们分辨出人与人之间极其微小的差别。

误区八：看人的角度太单一

物以类聚，人以群分，识人最简便的方法就是看这个人周围都是些什么样的人。

近朱者赤，近墨者黑，人们和哪一类人相处得久，身上就会具备哪一类人的特点。通常来说，一个好静、内向、喜欢思考的人，是不会喜欢与那些疯疯癫癫、轻浮张扬的人来往的；同样，一个办事急躁，毫无条理的人，周围也不会有沉着冷静、井井有条的人存在。也许会有一种特殊情况，有部分人的朋友和他们自己的性格大相径庭，但是只要你仔细观察，会发现他们从内心来说还是愿意与和自己比较相似的人来往。

总而言之，"纸上得来终觉浅，绝知此事要躬行"。想要提高自己的识人技能，最重要的还是要在实践中践行，实践才能出真知。

不要因点失面，让眼睛丢掉了准星

在学习了如何通过观察细节解读人心之后，我们也不能把这项技能当作万用法则，过分关注细节，否则反而会犯"只见树木，不见森林"的错误。我们还要从全局出发，系统地看待问题、分析问题，才能正确地解读人心。

小静最近很难过，因为她发现自己自从接受男朋友阿健的追求，两个人在一起后，阿健的表现和以前天差地别。阿健是一家私企的总监，两人刚刚认识时，小静对阿健的印象还是不错的。每次约会，阿健都穿得很得体，平整的西装，用心搭配过的领带和鞋子，最重要的是每次去餐厅吃饭，阿健对服务员都很有礼貌。周末和朋友出去玩时，阿健也很乐于参与大家的活动，活动结束时，阿健也会把顺路的朋友送回家。

这些细节小静看在眼里，记在心里。她曾经在一本书上看过一句话："细节即人品。"而她关注的这些细节恰好又证明阿健确实是个可靠的人。他对服务员很尊重，说明他很有修养；他积极参加朋友们的活动，乐于助人，说明他很善良大度。

然而，随着两人交往的时间越来越久，小静却越来越失望。她觉得阿健变了，和以前的他判若两人。阿健的房间非常混乱，衣服丢得到处都是，鞋子也是东一只西一只，做事情也是东一榔头西一棒子；阿健非常自私，而且动不动就发脾气，很少顾及小静的感受。小静很懊恼，不知道当初自己到底看上阿健哪一点了。假如阿健只是故意装出一副样子给她看，可是在朋友面前阿健也是一样的反应啊。小静找不到原因，感到很苦恼。

小静的这种情况在生活中比比皆是。大部分人都会发现，一些非常熟悉，相互都很了解的朋友，突然有一天变了，也许是性格，也许是处事方式，都和以前不一样了。此时，大家都会以为是不是朋友遇到了什么变故，让他性情大变。实际上，他们并没有经历什么变故，他们本身就是这个样子，是我们自己当初判断失误。

小静的男朋友阿健出现这样的情况其实很好理解，原因很简单，小静最开始对阿健的认识就出现了误差。虽然从某些细节确实能够看出一个人的真实心理，但是我们也不能过分关注某一些细节而忽略了"见森林"的重要性。我们应该了解，某些良好的习惯往往是和工作性质联系比较紧密的，并不是天生就这样。阿健是私企总监，得体的穿着和良好的待人接物是基本礼仪，因此，阿健表现出的修养、善良大度，更多是出于职业要求。小静忽略了这一点，缺乏全局、系统地分析问题的能力，最终导致了自己判断失误。

所以说，仔细观察细节固然很重要，但是也不能以偏概全，管中窥豹怎么可能得到一个完整合理的答案呢？因此，我们一定要学会用整体的眼光看问题。至于如何做到这一点，相信下面的几种方法会给你一些灵感。

第一，心平气和，收集有用信息。

当我们收集到非常有参考价值的信息之后，应该继续保持平静的状态，不能喜出望外，把高兴都写在脸上，应该继续挖掘更深层次的信息，这样的信息永远都不嫌多。只有信息够完整，最后的判断才会更准确。虽然有些信息确实很能说明问题，光凭这些信息就已经能得出结论了，但是我们还是要谨慎，以免造成不必要的麻烦。

第二，小心分析，不要被某个细节蒙蔽双眼。

有时，对方表现得太明显，我们很容易就能判断出对方的真实心理活动。这时，我们不能沾沾自喜，认为这就是一个"送分题"，而放弃进一步观察。这样很容易就会误入歧途，影响识人的成效，说不定"送分题"一下就变成了"送命题"。案例中的小静就是最好的例子，她大意分析，最后只能自食恶果。

第三，整体把握，弄清信息传达的真实含义。

当我们手中有了尽可能多的有效信息后，就到了最关键的一步：整体把握。信息分析的结果，直接影响我们识人的质量，因此绝对不能打马虎眼。每个信息都来之不易，具有独特的含义，我们要做的就是把这些含义分析出来，并做整体的把握和思考，把有价值的部分留下来，没有价值的就舍弃，这样，我们才能做出最准确的判断。

为了在识人阅人的过程中得到良好的效果，最关键的就是要做到对信息的整体把握。只有既看得到树木，又看得到森林，才能看到最美的风景，识别最好的人。

内心客观，才不会出现"冤假错案"

对自己的认识要理性全面，对他人的认识要客观公平。在识人阅人时，心中的天平要始终保持平衡，否则，在识人阅人方面，我们可能会误入歧途。

在我们的日常生活中，难免要对其他人进行评价，通过这个过程，我们可以锻炼识人阅人的技巧，练就高超的社交本领。

如何给予他人评价非常重要，因为我们的评价是否正确，直接决定了自己以后的人际关系会朝哪个方向发展。所以说，我们在评价别人的时候最关键的一点就是：评价客观、精准。而要做到这一点，就一定要把心中那架天平摆正，不能偏向任何一边。

然而，现在的社会非常复杂，面对五光十色的花花世界和善于伪装的人群，想要做到冷静客观地评价他人，还是有一定难度的。就算是面对一个陌生人，即使对方是一个好人，但是如果我们当时心情不好，对此人的印象也会不好，这就是偏差。

但是，这也并不能表明我们识人阅人无计可施，假如你对下面提到的几点多留心，相信你识人阅人时就会客观不少了。

首先，不要被舆论牵着鼻子走。

刚进入新的环境时，我们一无所知，而我们对这个新环境最初的认识也是从别人口中得知的。而这些"口口相传"的信息可信度极不稳定，有的也许很客观，有的却掺杂了太多的个人情感。

假如对方给你的信息很客观，当然能够对你起到非常积极的作用，但是如果对方告诉你的消息私人情感的成分较多，而你又完全相信了，那么你很可能会陷入主观情绪的沼泽，这无疑是你熟悉新环境最大的拦路虎。

安心是一家公司的新员工，初入公司的她对公司环境、工作分配、上司性格、处事作风等一概不知，但是同事小冉却很热心地给她解答各种问题，讲解公司结构，而且把每个部门的负责人还有大老板的习性给她讲得一清二楚。

从小冉的讲解中，安心知道自己的岗位工作很繁杂，也很辛苦，而且老板为人十分苛刻，对工作的要求很高。在感谢小冉的热心帮助的同时，安心心里也难免压力山大，经过重重竞争得到的这份工作，竟然并不是很理想。但是安心转念一想，也许实际情况并没有小冉说的那么糟糕，既来之则安之，先把自己分内的工作做好再说吧，未来的事情未来再考虑。

经过一个月的熟悉之后，细心的安心发现，自己的工作也没有小冉说的那么糟糕，只是要做的事情太繁琐了而已，这对于好静又有耐心的安心来说就是小菜一碟。大部分同事对安心的评价都很高，而那些评价比较负面的，恰恰是那些平时跟她不怎么往来，关系很一般的人。而且，老板也不像小冉说的那么苛刻，只是为人很严肃，不爱笑而已。

幸亏安心小心谨慎，自己比较有主见，才没有被同事小冉带"跑偏"，比较客观地认识了自己的工作。我们也应该多向安心学习，在面对不确定的信息时保持冷静，仔细分析哪些信息是可信的，哪些信息是烟雾弹，不要戴着"有色眼镜"识人。

其次，感情亲疏是效力最强的迷魂药。

在现实中，我们经常会发现这样一种现象，两个人说的话一样，但我们对两个人的态度却截然不同。为什么会出现这样的情况呢？这就是感情亲疏在作祟，影响了我们对一个人的评价。我们常常会因为亲疏关系影响自己的判断，亲人、朋友在我们眼里都是正面形象，而那些跟我们有矛盾，自己看不顺眼的人都是负面形象。此时，我们心中的天平已经倾斜了，又如何对他人做出正确的评价呢？所以说，在识人时，我们一定要摆脱亲疏关系的影响，做出正确的判断。

最后，不要以个人喜好评价。

俗话说，各花入各眼，每个人都有自己的喜好，这是正常现象。

晓雯从小就性格内向，喜欢思考，是个蕙质兰心的女孩。她不喜欢凑热闹，所以身边的朋友也都是一些好静的人。她觉得那些性格活泼的人往往都比较粗心，做事情不认真，没有责任心。有一天，领导安排晓雯和另一位性格比较外向活泼的同事玲玲一起工作的时候，晓雯觉得非常为难。她觉得对方和自己的配合肯定不理想，到时候任务失败，会影响自己在老板心目中的形象，最后，晓雯决定放弃这个机会。

于是，领导把这份工作交给了玲玲和另外一个性格同样很活泼的同事一起完成，没过多久，两位同事就交上了一份完美的答卷。这让晓雯大跌眼镜，她开始反省自己的失误，也很后悔自己错过了这一次机会。

故事中的晓雯正是被自己的喜好所影响，在对他人做出评价时放入了过多的个人情感，才导致自己识人失误，还错过了大好机会。由此可见，在识人阅人的过程中，千万不能带有个人主观色彩。

总之，我们想要成为识人高手，控制好自己的主观情感是前提。在观察对方的过程中尽量用客观的思维看人，这样才能做出准确的评价，带着偏见识人，一定会出现偏差。

上面提到的，是我们在识人阅人过程中最容易犯的三个错误。实际上，先入为主、刻板印象、思维定势都会对我们的判断造成影响，所以，我们不能雾里看花，水中望月，要擦亮自己的双眼，用客观的态度识人阅人。

如何准确识别微动作所包含的信息

人们在生活中无时无刻不在表达着自己的情感，然而说话并不是唯一的表达情感的途径。通过对微动作的观察和分析，我们也能从这些无声的反应中看清事情的真相。

电视剧《读心神探》中有这样一个情节：一桩谋杀案扑朔迷离，

警方剥离层层线索后，还是没办法找出真正的凶手，案件进入焦灼状态。

此时，刑侦队长带着侦探们从头开始梳理线索，在观看监控的过程中，队长发现了一个有意思的细节：女受害者和她的上司乘坐同一电梯，表面上只是普通上下级关系，等电梯里的人下完电梯，只剩他们两人在电梯中时，女受害者对上司露出了暧昧的一笑，上司抬头看向监控方向，暗示她电梯里有监控，于是女受害者低下头，靠在电梯扶手上，两腿在身前交叉。看完这一监控，队长下令传唤上司协助调查，结果在几轮审讯轰炸之后，上司顶不住压力，对自己所犯下的罪行供认不讳。上司害怕自己和女下属的关系被撞破，影响自己的升迁，而女下属又对自己纠缠不休，上司遂心生杀机。

事后，刑侦队长对自己的手下说："这个女受害者放松的站姿，只有在熟悉的人面前才会出现，而这个上司的眼神更加说明他们两人的关系不一般，之前看监控，因为画面太小，我们都没有注意到，所以才忽视了。对每个人的微动作，要多加观察和分析，也许会有新的突破口。"

看透他人的心理活动，最有效的办法就是通过观察微动作判断。著名作家马克·吐温说："每个人每天每小时，清醒时、沉睡时、做梦时、高兴时或悲伤时，无时无刻不在说谎；即使能够三缄其口，我们的双手、双脚、双眼和举止仍禁不住显露出爱骗人的本色。"

不管是哪个流派的心理学家，都非常认同的一个观点就是——动作是诚实的，任何人都无法死守内心的秘密。

通过心理学家的一项调查表明，在人们日常的交流过程中，肢体语言和表情这些无声的交流所占比例达到 60% ～ 93%。这个数据足以证明，我们人类丰富的感情不只可以通过语言来表达。在社交过程中，人与人之间从相识到相知再到"相濡以沫"，都可以通过微动作来探知。比如，一次眼神的交流，一次表情的转换，一次鼻子的耸动，甚至只是一个简单的微笑。有时候，这种无声的交流传达的信息更准确。

一般情况下，反映内心想法的动作是会反复出现的。假如在聊天中，对方只看了一次表，你就认为对方没耐心了，想离开了，这是很武断的判断。针对这种情况，心理学家表示，假如某个动作在一个人身上反复出现，那么这个动作透露的信息的真实度往往比较高。

既然如此，我们应该如何通过这些微动作来获得信息呢？最好的方法就是熟谙这种交流方式的技巧，使其变成我们交流中常使用的一种方式。这样不仅可以让我们自己的微动作很好地传递我们想要表达的信息，又能通过对方的微动作知道对方的所思所想。想要做到这一点，我们可以从以下几个方面入手：

1. 留心观察是基础

大部分时候，我们无法通过微动作判断对方的心思，最主要的原因是我们没有仔细观察。在社交中，观察是必不可少的。我们通过对对方语言表情的观察、微动作的观察，可以得到许多有用的信息。所以，解读微动作的基础，是敏锐的观察力。

除此之外，我们还要注意，观察，不仅仅是用眼睛看，还要用心感受，"眼观六路，耳听八方"，是观察的最高境界。

2. 整体理解是保障

实际上，几乎所有的微动作都是和其他反应一起出现的。因此，我们在分析一个人的微动作时，要进行全面的观察，如果把每个反应都分离开来，就很容易出现信息偏差。比方说，我们在和相亲对象交流时，如果对方突然挠挠头，你就认定对方在撒谎，并立刻对其判定"死刑"，那就太武断了。对方可能是因为太紧张、太尴尬而挠头，也可能只是单纯地因为头痒而挠头，这样冲动地做出决定，岂不是葬送了一段好姻缘？

所以我们在对微动作进行分析时，要结合对方做出的其他反应进行综合分析。举个简单的例子，中文博大精深，有的词语一词多义，因此要放在具体的语境中才能判定该词语表达的真实意思，微动作也是一样。

3. 进行对比是关键

想要准确分析微动作，还有一点必不可少，就是对比。

我们该如何进行对比呢？首先要学会区分"正常行为"和"异

常行为"。弄清楚一个人的"正常行为"是什么样子，把"正常行为"作为"异常行为"的参照物。比方说，我们要熟悉一个人说话、走路、做表情的习惯，以及他们穿着打扮的风格，甚至包括对方的作息习惯。有了这些作为参照基础，你就能很快区分出对方处于什么心理状态了。

4. 注意分析协调性

分析微反应的突破点就是语言和动作的协调性，通过对这两点的分析，能够深层次地理解对方的想法，从而看破对方的谎言。

比方说，当你与一个人聊天时，对他说："你对我刚才说的内容有什么看法？"假如对方表示欣赏和赞同，那么他的表情和微动作传达出来的信息都是正面的、愉快的，这就是语言和动作的一致性。但是，如果他嘴上说着同意，眼神却飘忽不定，说明他刚刚的反应只是在敷衍你罢了。

著名心理学家弗洛伊德说过："任何一个感官健全的人，最终都会相信没有人能守得住秘密，如果他的双唇紧闭，而他的指尖会说话，甚至他身上的每个毛孔都会背叛他。"可见，微动作在社交中十分重要。学会分析对方的微动作，把握对方的心理和情绪变化，就能让我们在社交中无往不利。

第二章
以貌取人，看穿 1/25 秒表情背后的真实心绪

一个表情，最短只持续 1/25 秒。虽然这种下意识的表情总是转瞬即逝，却包含着相当丰富的信息，很容易将一个人的真实心绪给暴露出来。藉此，我们可以准确推断出对方当下的心理状态。

人可以貌相，脸部扫描信息相当丰富

我们的面部表情就好像是一个晴雨表，告知他人我们此时心情如何。我们高兴时会开怀大笑，难过时会失声痛哭，为什么会这样呢？这都是由我们的大脑中枢神经控制的。当我们感知到外界的环境时，我们会通过神经系统把这种感觉告知给大脑，而大脑皮层又通过神经系统把经过处理后的信息反馈给面部，让人们做出相应的表情。

有时候，表情的信息量并不比语言低。我们在学习识人之道时要明白，悦人的表情比悦耳的话语更容易打动人心。

有一位女士嫁人后始终不能和公婆愉快相处，因此整天闷闷不乐。于是，她决定找一位家庭关系指导师寻求解决办法。女士对指导师说："老师，我要怎么做才能缓解我和公婆之间的关系，和他们和睦相处呢？"指导师微微一笑，让助理拿来一面镜子，放在女士面前，让她看看镜子中的自己。

女士十分疑惑，问指导师："老师，我并没有什么特别的啊，平时的我也是这个样子啊。您想对我说什么？"指导师说："你先回去吧，五天之后再来找我。"女士很无奈，可是指导师都发话了，女士只得回家。

几天后，女士哭哭啼啼地来到指导师的办公室，张口就对指导师说："回去之后，我婆婆整天找我麻烦，公公嫌我做的饭不好吃，我快被气死了。"指导师还是微微一笑，让助理拿来镜子，放在女士面前，继续让她照照自己。

过了一会儿，指导师说："你看到什么了吗？"女士唉声叹气地说："我看到一个愁眉苦脸的自己。"指导师又问："你看到这样的自己感觉如何？"

女士回答道："感觉很不好。"指导师说："这就是你无法和公婆融洽相处的原因。最困难的不是缓解你和公婆之间的矛盾，而是每天都能和颜悦色地面对他们。"

女士恍然大悟，从此以后，这位女士再也没有和公婆发生过矛盾。

通过这个故事，我们可以知道，当这位女士每天都愁眉苦脸地面对公婆时，公婆也会以同样的方式面对她。而通过老师的指点，女士终于发现关键所在，改变了自己的态度，用和颜悦色打动了公婆，和公婆的关系也好了不少。

实际上，在其他人际关系中也是如此。员工要看老板脸色，学生要看老师的脸色，服务员要看顾客的脸色，孩子要看父母的脸色。当你给别人脸色的同时，也要体会他人的脸色，假如你给对方一个愉悦的表情，对方也会回给你一个愉悦的表情，反之亦然。我们的表情就是一面镜子，反映的是我们的内心世界。

当一个人心情愉快时，面部肌肉会很放松，此时的面部线条比较柔和，面部表情比较放松；当一个人处于悲伤的情绪中时，会刺激泪腺，流下眼泪，显露出难过的表情。可以说，表情传达出来的感情比语言更真挚。可是，想通过一个人的表情探究他的内心，看起来简单，其实这是一件很需要技术含量的事。

"画虎画皮难画骨，知人知面不知心"，在如今的社会，大家都把自己保护得严严实实的，一个人表面上对你十分友好，也许在背后说了你不少坏话。在现在的社交中，表情已经不再是单纯表达自己情感的方式了。

在商业谈判中，相信大部分商业人士都遇到过这样的情况。在谈判的过程中，对方始终面带微笑，仿佛对自己提出的条件非常满意，一切都有条不紊地进行着，可是万万没想到，在最后签合同的关键时刻，对方却以种种理由推脱不见面，好好的项目打了水漂。所以说，表情有时候也是会迷惑人的，必要时，人可以通过表情来伪装自己。因此，当一个人对你微笑时，也有可能是笑里藏刀。

其实，保护自己是人类的本能，而用表情伪装自己就是这种本能的表现之一。没有人愿意自己是一个"透明人"，让人一眼就能看穿，每个人都有自己的隐私。当有些人出现在公共场合时，他们很没有安全感，害怕别人看透自己，于是拼命地掩饰自己。所以，这类人的表情和心理状态是完全相反的，光凭他们的面部表情是不能判断他们的内心状态的。虽然人们总是想通过各种方式掩盖真实的自己，可是面部特征是不会撒谎的，一些有意无意的微表情还是会出卖自己。

我们的心理活动是非常丰富的，特别是表情，有的人能够"于无声处听惊雷"，就是凭借自己高超的表情观察能力发现了细微的线索。

表情可以说是一个人的"显示器"，一个人的表情就是他内心的写照。我们能通过表情来揣摩对方的心理活动，掌握对方的情绪变化。

当我们处理人际关系时，不管是不是和对方面对面进行交流，我们都会不自觉地表达自己的情绪，同时也在感知对方的情绪，这种相互揣测的过程成为了社交关系中最重要也是最复杂的环节。我们所有的喜怒哀乐都是通过表情传达出来的，你的表情会出卖你的心。

通过观察他人的表情，我们首先可以获得最真实的信息。由于种种复杂的原因，人们在进行交流时，常常会把真实的自己隐藏起来，不会直接说出真实的想法，在这种情况下，人际交往就很容易陷入僵局。此时，观察表情可以帮助交谈双方明白对方的真正意图。

大多数的表情是生理反应，是不受大脑支配的，当一个人想要掩盖真相时，反而会露出一些不自然的神态，这就是表情的"背叛"。比如说，当员工对老板不满意时，虽然他们嘴上不说，但是有些微表情能反映出这一点来。

不仅语言能骗人，表情也是能骗人的。比方说，某人在谈论一件事情，他说这件事让他感到很快乐，并且面部表情也是十分愉悦的，但是如果他说的是假的，是在强颜欢笑的话，他的脸上会快速掠过某种不一样的表情，或者仅仅表现在眼神里。

这种短暂存在的表情叫作"瞬间表情"，它是被刻意隐藏起来的。可是，"瞬间表情"也会不定时出来出卖"主人"。

其次，一个人的表情能反映一个人的心态。表情是情绪的"天气预报"，通过观察表情，我们可以感知到对方言语之外的反应。比方说漫不经心、左顾右盼表示对方对谈话内容不感兴趣；聚精会神、津津乐道，表示对方很愿意把对话继续下去。一些微表情也能告诉我们对方心里在想什么。比方说，根据眼睛注视的方向可以判断对方是否在思考。

然后，我们可以从表情推断一个人的性格。不同性格的人，在同一种情绪下的表情也不一样，遇到开心的事情，性格开朗的人也许会哈哈大笑，而性格腼腆的人也许只会微微一笑，因此，你不能说性格腼腆的人就是在强颜欢笑，只是二人表达的方式不一样。

经常面带微笑，表情放松的人，心态一般很稳定，心理素质较好；而那些整天乌云密布，愁眉苦脸的人，通常情绪不稳定，也许脾气火爆，容易与人发生冲突。由于面部表情和面部肌肉的活动分不开，而肌肉活动会在人的脸上留下印记，比如皱纹，时间久了，这些印记就会成为永久的表情，这些永久表情会向外透露一部分真实的内心信息。

别大意，面无表情并不等于心无波澜

俗话说，表情是内心的晴雨表，这句话非常正确，因为我们的表情常常是我们内心情绪的表现，反映的是一个人真实的内心状态，就像我们能够通过天色变化得知接下来的天气一样。一个人微笑，我们知道他很开心；一个人失落，我们知道他很难过；一个人生气，我们知道他很不满……但是，总有那么一股人群中的清流，他们面无表情，当我们遇到这类人时，该如何看透他们的内心呢？

在我们的身边，一定会有这样的人，不管看到什么、听到什么，都喜怒不形于色。这是因为他们懂得隐藏自己，他们常常让人觉得遥不可及，就像一个谜。大部分情况下，我们会觉得这些"冰块人"没有感情，反正也看不透，干脆就忽略吧！

其实，这种想法大错特错。

脸上没有表情不等于内心也没有变化，大部分情况下，这类人只是在压抑自己而已。所以，我们可以从"无表情"的脸上看到类似说谎时的表现。这又是为什么呢?

因为我们的表情是随着内心的变化而变化的,心变脸不变,肯定会出现一些不协调的小表情,虽然脸上没有明显的表情,但是五官会出现细微的动作,比如抽一下鼻子,抬一下眉毛,瘪一下嘴,等等,这些都表现了一个人内心的不满。除此之外,一个人在自卑的情况下,也会出现面无表情的情况。

同样都是面无表情,表现出来的含义也不一样。比方说,恋人之间面无表情,说明他们已经厌倦对方,想结束这段感情了;在谈判中,如果对方面无表情,说明对方对你的方案或者价格不满意。因此,无表情,不等于无感情。

老郭是一个非常精明的人,为什么说他精明呢?因为他作为公司的部门主管,在处理上下级关系时,从来没有得罪过任何一个同事,他在公司内部人缘、口碑都非常好。不过,老郭之所以受欢迎,最重要的还是因为他对待上级时,懂得察言观色;对待员工时,懂得适可而止。

有一天,老郭的下属小谭在处理项目的过程中,因为一个细节没有做到位得罪了重要客户,给公司带来了麻烦。老郭把小谭严厉地批评了一顿,刚开始,老郭觉得自己说话有些过分,就看了看小谭的反应。他发现小谭虽然面无表情,但是脸色非常难看。老郭心想:"我是不是说得太严重了,太伤害他的面子了,我要是再说下去,打击了他的工作积极性,他对我该有怨言了。假如他再发脾气，场面就更难看了。"

老郭知道，小谭虽然面无表情，但是内心一定很愤怒，于是他赶紧转变了语气，温和地对小谭说："我知道，这个客户比较难缠，你也付出了很多心血，这次出问题也不能全怪你。上面给我的压力也很大，我刚刚话说得重了一点，请你体谅。具体的情况到底是怎么样的？你是不是有什么隐情？说出来，我们一起解决。"

听老郭这么一说，小谭心里舒服多了。他跟老郭解释了自己之所以会出错的理由，脸上由面无表情慢慢地恢复了平静。等小谭说完后，老郭对这次的工作失误进行了总结，事情总算是解决了。

在整个批评的过程中，老郭及时关注了小谭飞的表情，并从对方无表情的脸上读到了危机信号，及时地制止了自己的批评，避免让事情一发不可收拾。假如老郭当时只顾着批评，丝毫不关心小谭的表情，只怕矛盾会越来越激化，甚至可能造成更加严重的后果。因此，老郭根据小谭面无表情做出的推断是非常正确的。

总而言之，遇到"冰块脸"，千万不要掉以轻心。当一个人面无表情时，我们可以观察他的肢体语言，以此来了解他的内心想法。

一般情况下，面无表情有两种情况：一种是极度愤怒。通常一个人在非常生气的时候，脸上是没有表情的，如果任由他自由发展，可能出现比火山爆发更严重的危机。第二种就是根本不在乎。有时，一个人对另一个人面无表情，实际上表示他对这个人完全不关心，不感兴趣，不在乎，当然不会有更多表情了。

突然跳动的眉毛连接突然跳动的心

在我们的面部器官中，每个部位都蕴含着巨大的信息量。比方说，眼睛可以传情，嘴巴可以说话，耳朵可以倾听，鼻子可以嗅到花香。那么眉毛有什么作用呢？

实际上，眉毛的作用可大了，不仅可以保护眼睛，还是情绪变化的标志，也就是说，当我们的心情发生变化时，眉毛的形态也会跟着变化，所以才会出现眉头紧锁、眉目传情、眉来眼去等成语。

想要了解面部表情隐藏的信息，对眉毛的观察是必不可少的。在很多案件中，警察都是通过眉毛透露出来的信息获得一些有用的破案线索，进而才得以将案件破获。

一天晚上，广州一个警察局接到了这样一个案件：报案人是一名叫周强的保安人员，案发当晚，他正在自己供职的小区值班。他说，在晚上 10 点的时候，楼道里突然停电了，他刚准备去机房检查停电原因，就有一伙人趁着夜色冲了进来。当时，他看到有很多黑影，考虑到自己势单力薄，所以就躲进了储藏室。周强称，他看到这伙人撬开了外出不在家的陈先生的家门，并拿走了大量财物。

警察接到报案后，立刻来到了现场，但是现场被破坏得非常严重，没有留下任何有价值的线索。于是，警察不得不再次向周强询问案发时的细节。办案人员问周强："当时，你看到罪犯身上有什么特别的特征了吗？"

周强想了想，说："看到了。盗窃者一共有三人，其中一个人的皮肤黝黑，脸上有一个明显的疤痕。"警察问："你真的看清楚了吗？"

周强回答："是的，因为他的同伴拿着手电筒，光线照在了他的脸上，我刚好从储藏室的门缝里看到了。"周强在录口供的时候，眉头一直紧锁着，一副思考问题的表情。随后，办案人员又问了一些与案情相关的问题，但并没有得到什么有用的信息，便准备离开。就在这时，周强紧锁的眉头展开了，仿佛努力思考的问题迎刃而解了一样。

警察并没有忽略周强这个细微的表情变化，并因此对周强产生了怀疑。通过调查及旁敲侧击的几次审讯之后，周强终于露出了端倪。原来，根本就没有什么歹徒，这是周强自导自演的一场"闹剧"。周强自己盗窃之后，怕别人发现，就"贼喊抓贼"，向警察报了假案。

在这一案件中，警察从周强的眉毛变化中发现了破绽，锁定了犯罪嫌疑人，并针对这一破绽展开调查，最终破获此案。实际上，在很多案件调查和人际交往活动中，仔细观察眉毛的变化，说不定能发现关键线索。

在我们的生活中，每个人都有过这样的经历：当你沉浸在思考中时，会眉头紧锁；当有人求你办事，你却不耐烦时，也会皱皱眉头。由此可以发现，眉毛传递的消息不比其他五官少，通过观察对方的眉毛，我们能洞悉对方真实的心理活动。既然如此，我们就来具体分析一下眉毛变化包含的深意吧：

1. 扬眉

扬眉分为两种情况——双眉上扬和单眉上扬。我们常常用成语"扬眉吐气"形容一个人十分高兴痛快的样子。当一个人单眉上扬时，通常说明此人心存疑虑，对某一件事不理解，正在思考；而双眉上扬则表示这个人遇到了一件让自己十分惊讶的事情，假如你有什么事情想要告诉他，不妨等他情绪稳定之后再说。

2. 耸眉

除了扬眉外，耸眉也是一种表情。耸眉就是眉毛先提起来，又恢复原状，常常伴随着嘴角向下撇的表情。这种表情常常表示内心的无奈，同时也表达了自己的意见。当人们想要表现自己友善的一面时，会先上扬眉毛，然后马上恢复正常，这就是眉毛闪动，所谓的"眉来眼去"就是这个意思。另外，双方在对话时，如果一方做了这个动作，则表示他在强调自己说的话。

3. 皱眉

当一个人紧皱眉头的时候，表示他可能在思考问题，或者是紧张，或者是对一件事情感到不满。在这样的情况下，人们会深锁眉头来保护自己，表达自己的情绪，同时，他的眼睛还是在观察周围的环境。皱眉头通常表示不喜欢或者反感，性格忧郁的人会皱眉头是因为当下的环境让他感到很不舒适，想逃避但又逃避不了。除此之外，当我们的眼睛受到强光刺激的时候，也会皱眉头。

另外，还有一种笑着皱眉的情况。假如一个人出现这样的情况，说明此人内心很焦虑，也许面临着一个很棘手的问题。他的笑或许是真的，但是不管他为什么笑，这个原因都对他造成了一定的困扰。不过这个表情的含义要根据当时的具体情况来分析。比如说，当一个犯罪嫌疑人在接受审讯时出现这样的表情，表明他正在隐瞒一些事实。此时警方如果趁热打铁，一定能获得重要的信息。

总之，人的面部及身体表情，每一个动作、每一个反应都是有缘由的，都是从内心瞬间释放，又通过理智强力改变的。而在那一瞬间释放出来的表情就称为微表情，是人类对事物的最初的真实反应，其中眉毛尤其重要。眉毛的各种变化，也是一种无意识的内心表现，通过眉毛的变化，可以深入了解一个人的心理变化。因此，说眉毛是心情变化的"天气预报"也不是没有道理。

你可能很少会留意鼻子的动静

我们的鼻子虽然不如嘴巴那样能说会道，也不像眼睛耳朵那样眼观六路耳听八方，可是由于鼻子处于面部中心，所以它能控制很多表情。比方说，当你不信任对方时就会皱鼻子，歪鼻子；当你紧张时，鼻子会抖动；当你从鼻子中发出轻蔑的一哼，就表示不屑；当你想闻味道时，就会用鼻子去嗅……可以说，鼻子也是一个信息集散中心。

乔·纳瓦罗是全球知名的身体语言大师，他曾经讲过这样一段亲身经历：

在他上学的时候，他在父亲开办的五金店打工。有一个男人走进店里，当时他就注意到了这个男人。这个男人并没有买任何物品，却一直站在收银台旁边。乔·纳瓦罗对这个男人进行观察时发现，他的鼻翼在慢慢扩张，鼻孔慢慢变大，这说明他在深呼吸，决定开始行动了。于是，乔·纳瓦罗当机立断，对收银员大声喊道："小心！"就在此时，这名收银员刚好打开了前台的抽屉，站在收银台旁边的男人马上把手伸过去抢钱。听到警告的收银员反应敏捷地抓住了这个男人的手，反手就将这个男人制服了。可是这个男人力气也很大，迅速挣脱后，扔下钱就逃跑了。

乔·纳瓦罗的这段经历告诉我们，正是由于他对鼻子的细心观察，才预测到了犯罪分子的行动，避免了经济损失。通常情况下，当一个人处于兴奋、紧张或者恐惧的情绪中时，他的鼻孔就会张开；当两个人争得脸红脖子粗，情绪高度兴奋时，他们的鼻孔也会张开。这是为什么呢？因为当人类处于兴奋或紧张的状态中时，心跳速度和呼吸频率都会加快，所以鼻孔会张开。在对话中，如果你发现对方的鼻孔微张，很有可能是你的讲话内容让他很不舒服，或者让他非常满意。到底是什么状况，就要根据当时的背景来进行分析了。

通过留意鼻子的动态，我们可以获得哪些信息呢？

首先，鼻尖有汗表示心理焦虑或紧张。我们先要排除一种情况，就是有些人天生就爱出汗，稍微走两步鼻尖就冒出一层细密的汗水。假如对方没有这个特点，鼻尖却有汗渗出来，则说明，对方此时处于一种焦虑状态。假如对方是你的合作对象，那么他肯定非常着急地想要签下这份合约，无论如何都要把你搞定。也许这次失败，他就永无翻身之日了，因此陷入一种紧张的情绪中，鼻尖渗出汗水。

鼻尖有汗，是因为紧张。紧张和焦虑情绪确实会引起一些生理反应。过度紧张时，不仅鼻尖会渗出汗水，有时腋下也会湿漉漉的一片。假如在日常来往中，你和对方并不存在对立关系，而他却出现这样的情况，很有可能是因为他对你心存愧疚，隐瞒了某些实情而心里紧张。

其次，鼻子泛白表示情绪消极。通常情况下，鼻子的颜色并不会发生很明显的变化，但是如果整个鼻子都出现泛白的情况，则说明对方现在的情绪很消极，完成任务的成功率会大大降低。如果对方是你的合作伙伴，说明他此时内心十分纠结，正在犹豫不决，比如在思考要不要提出条件，或者要不要开口借钱，等等。除此之外，当一个人对心仪的对象进行表白却遭拒的时候，也会出现鼻子变白的情况，这是因为他们的自尊心受到了打击，感到十分尴尬。

最后，鼻孔稍微张开表示愤怒或者恐惧。正如前面案例中的抢劫犯一样，当你发现对方的鼻孔微微张开，说明对方处于一种十分消极不满的情绪中，也可能正在压制着内心的某种情绪，不让它爆发。因为当人处于兴奋状态时，生理上会产生变化，呼吸心跳都会加速，因此鼻孔会变大。所以说，呼吸很急促表示此人此时很兴奋。不过，鼻孔张开到底是因为高兴得意还是愤怒呢？这就要具体问题具体分析了。

其实，鼻子能够告诉我们的信息不止这些：当我们在思考问题或者非常疲倦时，会用手去捏捏鼻梁；当我们特别无聊的时候，会不自觉地用手挖鼻孔……这些触摸鼻子的动作，都可以理解为我们正在进行自我安慰。

除此之外，假如有人问我们一个非常为难的问题，我们通常会胡乱编一个回答搪塞过去，此时我们会用手揉揉鼻子来掩饰内心的紧张，这种情况常常出现在那些不善于撒谎的人身上。

在不同的文化背景下，通过鼻子传达出来的信息也是不一样的。在西方国家，当一个人讲话时不自觉地把手指放在鼻子下面时，常人一定会解读为"你一定在说假话！"，也有一部人觉得这个动作是在表示"难以置信"。实际上，西方国家常常对用手指横在鼻子下面的动作表示反感或者反对。

在西方不少国家，还会借助鼻子做一些有侮辱含义的动作。比方说，用食指向上推鼻子，是在说对方"不可一世""自高自大"；

在鼻尖上动一下拳头，是在说对方是个马屁精，只知道溜须拍马；用拇指按住鼻尖，另外四个手指不停晃动，是在辱骂对方是弱智，能力低下，最近这个动作的含义演变为"快来给我说说好话，拍拍我的马屁吧"。

在英国，有一个流传很广的侮辱性的动作，就是在对方面前用一只手做出拉厕所水箱的动作，另一手捏住鼻子。还有一种动作就是当着他人的面捂住口鼻，好像闻到什么异味，这在很多国家和地区都是一种具有强烈侮辱性的动作。

在不同的行业，我们也能通过对鼻子的观察收获不少信息。假如你是一个演说家，或者谈判家，或者是一个推销员，当一大群人坐在一起的时候，你在表达你的意思时，要多多注意周围人的反应，从他们的鼻子上就能够得到你想要的答案。当然，我们也不能太神经质了，有些人自己做出某些动作的时候，自己都没有意识到，因此，我们也要客观面对这些微动作的分析法则。

嘴的状态不同，心情也不同

如果一个人的嘴巴经常呈闭拢形态，表示这个人的心情非常平和，态度十分谦虚；如果一个人的嘴巴呈半开形态，则表示这个人对看到或听到的事情非常惊讶，并且有疑问的心理；如果是嘴巴全开的状态，则表示对看到或听到的事非常惊骇。可见，嘴巴的状态不同，也代表着心情的不同。因此，在人际交往、商务谈判等活动中，为了达到目的，最好不要让嘴巴做出太大的动作。

嘴巴除了能进行呼吸和饮食之外，还是人体重要的信息传递工具。这里所指的不仅仅是通过话语进行传递，它同样可以通过某些状态去表达人们的心情。所以人们常说："嘴巴即使不发出声音，也能'说话'。"从下面的故事中，就能看到嘴部动作为人们带来的影响和作用。

胡然是一个企业的谈判大师。一次，他要进行一次商务谈判，目的是收购对方的公司。由于对方的公司不大，目前在业界不很景气，所以想要转让公司经营权，而胡然收购该公司的底线为800万元。

在谈判过程中，胡然首先抛出了500万元的价格。对方在得到这一价格后，嘴巴呈半开形态，然后说："您给的价格让我方很不满意。公司现在虽然不太景气，但长久积累的人脉还在，这可是多少金钱也换不来的。"

胡然自然没有放过对方的嘴部表情，他说："这已经是我方根据贵公司的业绩给予的最中肯的价格了。"

对方称："我公司的业绩虽然不同往日，但我想对贵公司的收购并无影响，并且通过贵公司的手，它定能起死回生。"对方在说完这话的时候，嘴巴依旧没有闭上，且嘴角略微向上扬起。这表示他没有想到对方会开出这个价格，受到了一定的冲击，所以在听到这一价格的时候，心里是非常高兴的。

两人谈论了一番之后，胡然抽空打了一个电话，让助理详细查询该公司的进账出账情况，以及负债、税务等状况。最后，胡然发现，对方公司有100万的负债，这对于一个小公司来讲，确实是不小的债款。于是，胡然在谈判桌上对对方说："刚刚我的助理告诉了我一些消息，而这些消息都是贵方不想听到的。"

最终，双方以500万元的价格达成了协议。

当胡然抛出价格后，对方的嘴部呈半开状态，这可以说明，他没有想到胡然一开始会开出这样一个价格，所以比较吃惊，而后面他反复地提起价格，希望胡然把价格再提高一点，却有些言不由衷，而且话语里有掩饰的意味。殊不知，这样恰恰露出了端倪，让胡然谋得了先机。通常，那些经验丰富的成功人士都知道，在进行谈判活动时，管好自己的嘴巴是一项最基本的任务，如果管不好自己的嘴巴，那么对方就会从你嘴部的形态中获得对你不利的信息。

无论是在人际交往还是商务活动中，那些深谙此道的人，总会摆出嘴角上扬的姿势，让别人感觉自己的心情是喜悦的；在公共场合，这种嘴部形态能让他人感觉到你的真诚、善良和礼貌。因此，这是人们最为常用的嘴部形态。通常，明星在一些公共场合呈现的嘴巴动作都是嘴角上扬的形态，展现出喜悦、微笑的感觉。相反，如果嘴角呈下垂形态，则通常表示人的心情悲伤、无奈，而下垂幅度过大，则是噘嘴的形态，通常代表对他人心存不满。

此外，人们在公共场合还应该注意，不要把嘴巴绷紧，这样会给人一种你的心情十分糟糕或愤怒的感觉，致使对方产生不愿靠近你、不想和你交谈的感觉。在交谈的过程中，如果对方故意发出咳嗽声，并借此用手掩住嘴巴，表示对方说的话没有多少可信度。刑侦警察在办案的过程中，对嘴唇进行了研究，并且总结出了许多经验，不仅得到了嘴唇与肢体语言有关的结论，还得出了嘴唇与人的品行及性格相关的结论。

比如，嘴唇厚的人，会给人一种踏实、忠厚的感觉。在对许多诈骗案件进行调查的过程中，警察发现，那些诈骗者或行骗者都会把目标对准厚嘴唇的人。刑侦警察表示，这类人因为心地善良，在陌生人与之交谈时，戒备心比较低，因此容易受到他人的欺骗。在为人处世中，嘴唇厚的人，通常能诚恳地对待身边的朋友、亲人、同事，同时又非常重感情、讲信用。由于他们缺少主见，办事不够果断，因此在一些精明的人面前，他们往往处于劣势。

在现实生活中，那些总是把嘴巴做出倾斜形态的人，往往爱耍嘴皮子，唠叨且尖酸刻薄。在这类人的认知中，嘴巴的用处就是滔滔不绝地说话，所以他们总想用语言战胜对方，而这种在口头上占据上风的行为，会让他人觉得做出这种行为的人并不是真心在与自己交往。一旦他人对某个人产生了这种印象，就会阻碍彼此建立友好关系。可见，嘴唇无声语言的作用，已经超越了有声语言。当然，这也需要你对嘴的形态有一个明确的理解，这样才能使其发挥出相应的作用。

头部动作，是表达内心世界最直白的信号

社会心理学的先驱库尔特·勒温曾说过这样一句话："头部动作是人类表达内心世界最直白的信号之一，通过头部动作可以很清楚地辨别出他人的内心变化。"的确如此，一个人的头部动作可以反馈出他的内心变化，只要我们善于观察，就能发现其表达出来的内心"信号"。

头部的动作比较少，无外乎把头歪在一边、低头、摇头这几个动作。下面，我们将对这三个动作进行分析，来具体看一下每一个动作的背后都蕴涵了人们难以察觉的哪些心理变化：

1. 把头歪在一边，表明默认、服从

把头歪在一边表明了一个人默认、服从的心理状态。一个人把头歪在一边表示他不会给人带来威胁和攻击，而这很容易让人对

其放松警惕。

卢老师是一名中学老师，并且是该校初二(4)班的班主任。一天，她的班级里发生了一件偷盗事件——一名同学的手机放在课桌里被盗。根据对同学的询问，最后一名离开教室的是一个叫周××的男同学。于是，卢老师把周××叫到办公室，与他沟通。

在办室里，卢老师先是肯定了周××最近的表现，然后装作不经意地提起，说班里××的手机不见了，问他是否知道。这时周××不再像此前那样仰着头和卢老师对视了，而是把头歪到了一边。卢老师凭借着对身体语言的了解和分析，判断出周××内心有些心虚、害怕了，这让卢老师觉得查出谁偷走手机的机会来了。因此，她开始严肃起来，对周××说："其实一时的失误并不怕，只要改正过来，就可以了。如果你现在承认的话，我不会声张，你悄悄把手机放回同学的书桌里，并向我写下保证书，保证以后不再犯。"

听了卢老师的话，周××低下头，没有再狡辩下去，承认他因看见同学的手机好看，一时起了贪心拿走了。

卢老师确实是一名好老师，不仅懂得通过周×× "把头歪在一边"的动作看穿他的内心，还能很好地化解这一事件，既保护了周××的自尊，又让他"悬崖勒马"，着实让人佩服。

2. 把头低下，代表缺少自信、逃避尴尬

当对方把头低下时，代表着他（她）正缺少自信。另外，当人

们对某件事情表示反对意见或不满的态度时，通常也会把头低下。在与人交谈的过程中，你如果发现对方没有注视你，这说明你表述的某些观点没有被对方认可。通常，人们在感觉到这一点时也都会把头低下来，以转移注意力和逃避尴尬。美国社会心理学家马斯洛认为，这个时候应该及时调整自己与对方的谈话内容，而不是将头低下，因为这是一种不自信和失败的表现。

3. 摇头，代表否定态度

摇头是人们表达否定信号最直观的头部动作。人们在面对自己不喜欢的人或事的时候会把头从一侧转到另一侧，而这个动作就是人们内心不满情绪的外在表现。因此，摇头的人通常会说："我不赞成这个决定"或"你不能那样做"等否定的话语。

在大多数时候，摇头这个动作主要是表示拒绝和反对心理，即否定态度。从世界范围来看，这基本具有通用性。不过，仍然有一些国家和地区会用仰头这样的头部动作来表达对人或事的否定态度。比如在希腊和土耳其等国家，当那里的人们听到和自己相背离的想法和决定时，他们便会习惯性地用仰头来表达拒绝和反对。

4. 频繁点头，不一定是对你表示赞同

在多数人看来，点头都代表着对方同意自己的观点或者持赞成的态度。这甚至是一种本能的动作，有些天生聋哑或者失明的残疾人，都会用这个动作表示肯定或同意。点头的动作其实是鞠躬的简化形式，它是以点头的动作象征性地表示自己顺从的态度。

点头在生活中是极为常见的一个动作,大家似乎已经习惯点头,但在某些特殊的场合,点头并不一定表示对方同意你的意见,有时点头反而加强了心里的反对意见。当一个人在不停点头时,不要盲目地以为他是同意你的意见,也许他心中有不同的想法。

不管外在的环境变化多么复杂,人的身体语言总是有一定规律的,尤其是作为人体"指挥官"的头部。因此,即便一个人再狡猾,我们也能从他的头部动作中发现一些有价值的信息。

笑的很多含义你其实并未搞懂

我们在生活中常常笑,可是你真的了解笑的含义吗?你也许会纳闷儿,笑容有什么含义可说的,笑就是开心啊。你要是这样想,就已经走入一个误区了。笑,不一定代表开心,比方说,一个人明明很伤心,但是他脸上却带着笑,你能说他现在很高兴吗?不能,他只是在用笑容掩饰自己内心的悲伤罢了。还有的人,你见到他时,他永远都面带微笑,这类人只是在用笑容伪装自己,不想让他人看穿自己罢了。

一个人哈哈大笑,有时候表示高兴,有时候也预示着灾难来临。电视剧中的恶霸,在做坏事之前,不都会仰天大笑吗?捂着嘴巴笑,也许是代表此人性格内向，也可能是害怕在场的某个人，不敢大声笑。含泪而笑，也许说明此人心情非常激动，也可能说明此人心中有苦难言。

小周在乘坐电梯的时候，看到同事小程也在乘电梯，就伸出手和他打招呼。可是小程并没有反应，两眼发直，脸色很黯淡。小周走上去，拍了拍小程的胳膊，小程看到小周跟自己打招呼，立马露出笑容，和小周聊起天来。

小周说："你怎么了，怎么脸色这么难看？"

小程笑笑说："有吗？我怎么不觉得，可能昨天晚上没睡好吧。"一路上小程和小周有说有笑，但是小周总觉得小程不对劲。

午休时，小周看到小程一个人在茶水间闷闷不乐，当小程看到小周走进来，又换上笑脸，问小周要不要一起喝咖啡。小周对小程说："你要是有心事，就说出来，多个人也多一种解决办法啊。"

原来，小程的儿子下半年就要上小学了，可是夫妻二人的户口都不在本地，上学成了问题。眼看着周围的邻居都已经把这事儿搞定了，可是自己却一点门路也没有，妻子也在家跟自己发脾气，搞得小程焦头烂额，不知道该怎么办了，只能用笑来掩饰自己内心的苦涩。

除此之外，心理学家表示，人们微笑的次数越多，获得对方信任的可能性也就越大，因此，也有别有用心的人为了快速获得对方的信任，故意用微笑来掩饰自己，通常他们在说某件事情的时候，脸上会堆满虚假的微笑。

有这样一个笑话：某个保险经纪人遇到一个大客户，他在跟客户讲解产品时，客户一直在对他微笑。这使他信心大增，觉得这单一定有戏，于是他越讲越起劲，客户也一直在微笑，似乎对他介绍的产品很满意。最后，当他拿出合同准备让客户签字时，客户突然大声说："签什么签，你以为我不知道你在想什么？我之所以一直笑，是因为我的脸抽筋了，一时半会儿好不了！"

其实，想要发现假笑并不难，通常情况下，真正的微笑持续时间在2秒～4秒之间，假如一个人的微笑持续了6秒以上，那么基本可以判断他是在假笑了。因为微笑这个动作只牵扯到有限的肌肉群，那些看起来有些笑得过度的，八成都是假笑。你还可以多观察对方微笑时候的嘴，看看是否能看到牙齿。当一个人真正对你微笑时，会露出一点牙齿，但是假笑就不会。在真实的笑容中，会拉动脸上的很多肌肉群。

在日常生活中，面带微笑的人总让人觉得如沐春风。假如，在一个正式场合看到对方脸上带着这样的笑容，则表示事不关己。

嘴角微微上扬，露出牙齿的笑容，是招呼客人的笑容，通常家里来客人，或者认识新朋友的时候，常用这种笑容登场。

哈哈大笑通常表示一个人非常开心，这时对方会露出自己整齐的牙齿，并且伴随着爽朗的笑声，但你听到这种笑声时，通常表示此人心情非常激动。

大笑常见于当事人十分开心的时刻,这时上下门牙都暴露出来,而且发出朗朗笑声,人们发出这种笑声时,大多数心情激动、愉快。

笑得中气十足,说明此人身体很好,如果此人经常这样笑,说明他精力一定很充沛。不过,这样的笑声很有震慑力,会给他人造成压力,反而让在场的人不自在。假如一个女性这样笑,那么她很有当领导的潜力。

假如一个人只是发出笑声而面部没有一点笑的表情的话,说明这个人在用笑声排解自己内心的郁闷,或者敷衍对方。通常情况下,如果你在和对方说一件事情,当对方很烦躁或者很疲倦的时候,会发出这样的笑声以示回应。

假如一个人笑得如银铃般清脆,说明此人好奇心强,凡事都想尝试一下,同时也说明此人性格比较张扬,喜欢在异性面前刷存在感。这类人心里通常藏不住事,情绪起伏也很大,这也恰恰说明笑声由内心控制。

总而言之,不管是哪一种笑声,其背后蕴含的信息都是非常丰富的。根据笑容来判断一个人的内心活动,是最直接的办法。

笑也分为很多种类型,外向型的人笑声通常很爽朗,声音很洪亮,内向型的人笑容就比较复杂了,常常看不透他们的内心。

假笑可以说是最好分辨的了,一个人的脸上带有笑的表情,可是他的眼神却很冷漠，说明他并没有想要笑的意思。假笑还包括对自己、对其他人嘲笑式的笑容，莫名其妙的"尬笑"，还有谄媚意味非常浓厚的笑。总之，假笑缺乏感情，有的时候笑声非常尖锐，有的时候笑声又很低沉，有的时候又是傻笑，这些都属于寂寞而空洞的笑。

每当大家笑语连连，笑成一片时，性格内向的人通常会空笑，那并不是附和，而是一种对自己内心不安的掩饰，说明他们此时非常缺乏安全感。

与性格比较外向的人比起来，内向的人笑容比较少。他们喜怒不形于色，因为他们觉得自己的感情没必要让大家都知道，也可以说，他们的自我防备意识很强。

因此，想要判断对方是否是在假笑，对大家的观察能力是一种考验。但是，有的人会故意隐藏起蛛丝马迹，让我们感知不到，以为他们是真的在对我们笑，内心会因此产生一种满足感，就忽略了笑容的真假。并且，在微笑的影响下，人们通常会降低自己的警惕心，这就让那些虚伪的人钻了空子，用微笑来掩饰自己的谎言。为了不上当受骗、掉入陷阱，我们必须好好提升自己辨别微笑的技能。

读到这里，你还觉得笑仅仅代表开心吗？

第三章
察“眼”观色，从眼神动作里破译复杂的心理活动

　　眼波流转始于心底，透过一个人的眼睛，我们就能读懂他的内心，即便只是静止着的双眼，也在时刻透露着心底的秘密。毫不夸张地说，无论对什么人，我们都能通过他的眼神知道他心里正在打什么主意，正在想的是什么。眼睛就是写在脸上的心。

人的眼睛，就是剖析心灵的显微镜

眼睛是人类器官中最敏锐的一种，从眼部的表情中能看到一个人内心的秘密。这个说法是有理可循的，能够说话的器官不仅仅是嘴巴，眼睛也同样能"说话"。俗话说"眼睛是心灵的窗口"，没有比观察人的眼睛更能看清一个人的方法了。毫不夸张地说，人的眼睛，就是剖析心灵的显微镜。因为，眼睛不能掩盖人们内心的丑恶，如果一个人刚直不阿，那么他的眼睛看上去就会清澈、透亮；如果一个人诡计多端，那么他的眼睛就会比较浑浊、躲闪。

人在幼儿时期，眼神都比较清澈，而随着年龄的增长，了解的现实也越来越多，眼神也就会变得越来越浑浊。很少有人在步入社会之后，还能保持一成不变的单纯。总之，一个人的内心动向，必然会反映在他的眼中，而其内心真实的想法，不用言语，就能从其眼神中解读出来。比如，有的人口头上极力反对某件事，他的眼神却告诉别人自己是赞同的；有些人自吹自擂，但是眼神泄露了他在撒谎的事实……可见，从眼神中就能了解到一个人的内心。

在一些法律案件中，通过观察证人的眼睛动向就可以印证证词的可信度。当证人一脸微笑、眼睛眯起在说谎的时候，他们的眼神往往是飘忽不定的，并且眼神中根本没有笑的神韵。其实，在与案件有关的情况下，任何人都比较紧张，所以心情很难放松，因此，也就不可能露出真心的微笑。

在日常生活或工作中，只要我们与人交往，就不可避免地要注意别人的眼睛，如果我们忽视对方的眼睛，那么我们将无法获知对方的真实想法。我们可以通过眼神看到对方的胆怯、自信、为难等。通过对眼睛的观察，可以了解到一个人的心理活动，而无论他正在想什么，或者正想掩饰什么，都会从他的眼睛中反映出来。有的人或许认为眼睛根本没有那么神奇，而医学研究发现，眼睛接近大脑神经，它具有综合分析能力，并且眼球的动作受到脑部神经支配。所以，眼睛能流露出感情，甚至可以说，眼睛比语言表达的感情更为真实可信。

人类的眼睛是心灵沟通的重要工具，而在人际交往中，如何从他人的眼睛中了解其内心的真正意图呢？

在与人谈话的过程中，如果对方把眼睛移开，望向远方或附近的某一个事物，这说明对方根本没心情听你说话，或者正在想其他的事。而当一个人一直盯着你不放的时候，也可能是一种故作镇定的态度。

根据警察办案的经验来看，有很多接受调查的人，在和调查人员对话的时候，常常故作镇定，僵硬地直视着调查人员，这恰恰暴露了他们紧张的内心。而当他们目光闪烁不定的时候，或许他们正在酝酿理由来说服调查人员，也或许正在担心某件事情被调查人员知道。

很多时候，人们会有这样的体验：当你看到一个朋友目光灰暗时，你询问其他朋友便会得知，对方遭遇了不顺心的事情或发生了意外；而当有人和他交谈之后，他的眼神逐渐变得明亮了，这说明对方的话正中了他的心事。在人际交往中，只要你能细心地观察他人的眼睛，就会有效地了解对方的真实心态，从而做出恰当的回应。

处在恋爱中的男女之间，也有眼神和心理的互动。比如，一个女孩用眼睛偷偷地打量一个男人，这所传达的就是一种爱慕："我想看你，但不敢正视你。"而女人作为比较柔弱的一方，总喜欢做出眨眼睛的动作，这种动作比较夸张。除了眨眼睛之外，情侣或好友之间，也会做出挤眼睛的动作，这通常是为了表示两人的某种默契。比如，两人各自分享自己的小秘密之后，挤眼睛所表达的意思就是："我和你拥有了彼此的小秘密，这是任何人都无法得知的。"

总之，眼睛的一系列动作，对人际交往都有着极其重要的影响。在一些社交场合，如果你想结交朋友，在看到那些眼睛总是上挑的人时，最好敬而远之，因为这个动作是轻蔑的含义，可能说明这个人心高气傲、心胸狭隘，不宜结交。还有一些人在谈话时眼睛会迅速转动，这说明他是一个敏锐的人，往往能迅速地看透人心。

透过瞳孔，就能读懂人的内心活动

瞳孔的大小，不仅随光线变化，而且随着人的情绪变化。凡是对外界情况不明，需要进一步了解时，或者有浓厚的兴趣时，瞳孔就会放大；反之，如果人们对眼前的事物不感兴趣，瞳孔就会缩小。我们经常听人说，某某看见他朝思暮想的东西，眼里就闪过一道金光，那金光就是瞳孔放大带来的视觉效应，所以有"眼睛一亮""两眼放光""见钱眼开"等说法。

心理学家觉得瞳孔的放大与缩小属于非常细小的身体微动作，这个动作的幅度太小，以至于需要人们非常仔细地观察才能发现。

瞳孔的变化是没办法通过意志来控制的。以前和现在的企业家、政客甚至赌徒、罪犯、大毒枭，为了让对方看不到自己瞳孔的变化，喜欢带一些有色瞳片来掩饰。在赌场中，那些聪明的赌徒们，先下小额赌注，并且密切观察庄家的反应，如果押中了，庄家的瞳孔就会变大，于是他就接着下注，结果庄家输得血本无归还不知道是怎么回事。

哈佛大学的教授埃克哈德·赫斯做过这样一项研究，课题是人类情绪和瞳孔变化的关系，研究结果表明，当人们看到自己反感的或者有刺激性的事物时，瞳孔会收缩；当人们看到一些愉悦的和自己喜欢的事物的时候，瞳孔会放大。经过进一步的研究，心理学家们一致认为，瞳孔的变化真实反映了大脑的活动。还有些专家指出，人类的瞳孔，是兴趣、喜好、态度、情感和情绪的突破口。

在生活中，我们可以做这样的观察。如果一个女生喜欢上一个男生，那么，当她看向这个男生的时候，瞳孔就会放大。假如男生看到了这个信号，并且心领神会，那么，接下来不出意外的话，一个美丽的爱情故事即将拉开帷幕。

同时，瞳孔扩大还代表愉快和开心的情绪，因此，一些恋人在约会的时候，会选择一些灯光暗淡的场合，因为这样可以促使双方的瞳孔扩大，使约会的气氛更美好，促进两人的感情。心理学家们还表示，假如暧昧期的男女在一些光线弱的场合约会，那么成功的的概率将高很多。不管是在繁华的大都市还是在静谧的小山村，这条规律皆很准。

大多数热恋中的情侣都喜欢在弱光下卿卿我我，实际上，这并不是单纯地为了避开大众的视线。从行为心理学的角度来讲，这样还可以拉近两人之间的距离。心理学家表示，在暗光下说情话要比在强光下说情话更浪漫、更甜蜜，因为只有瞳孔扩大才能表示开心的心情和愉悦的情绪，而弱一点的光线，恰恰能让瞳孔放大。

聪明人在观察一个人的时候，首先会看对方的眼睛，俗话说，眼睛是心灵的窗户，它藏不住恶。内心堂堂正正，眼睛就明亮；内心一片阴暗，眼睛也是乌云密布。

总而言之，在通常情况下，当一个人瞳孔放大时，传达的信息大多是积极的；当一个人瞳孔缩小时，传递的信息大多是负面的。我们在观察一个人时，不仅要听他如何说，还要仔细观察他的瞳孔变化。我们伟大的人民警察，就有这样的"神功"。

眼球转动的频率与方向大有文章

每当我们在看刑侦剧时，都会对警察异于常人的推理能力和观察能力拍手叫绝。在实际的侦查过程中，警察也会多注意嫌疑人的眼睛。几乎所有的刑侦人员都接受过心理学培训，有一项培训内容是这样的：

你正对着一面镜子，然后想一些问题。比如，你出门时有没有反锁大门？你有几个公文包？你的上司长什么样子？你的大学思政老师姓什么？你将来想买哪个楼盘的房子？没错，此时你的眼球在转动。无论你是在回忆过去，还是畅想未来，只要你的大脑进入想象状态，你的眼睛就会向上看；然而，当你在听别人讲话，或者与对方交谈时，你的眼睛就会停止转动，并且直视对方，这就是你进入倾听模式的表现；假如你对对方正在说的内容不感兴趣，或者身体不适，或者你还想着其他的事情，你的眼睛就会不自觉地向下看。

心理学家指出，通过对一个人眼球运动的分析，就能知道这个人是否在认真听你说话。当一个人的大脑正在积极运转的时候，他的眼球会快速转动，眼睛会向上看，这也证明对方在认真听你讲话，并且在思考你说的内容。总之，眼睛向下看，表示此人正在排除杂念，进入自己的内心世界；眼睛向上看，表示这个人的视觉已经打开；眼睛看中间，表示这个人的听觉已经打开，你可以向对方倾诉了。因此，观察眼球运动的方向可以为人们提供很多有价值的信息。

那么，我们要如何通过眼球运动的频率和方向获得有效的信息呢？通过以下五种眼球运动方式，可以判断出对方的心理活动：

第一种：眼球频繁左右活动

一个人在拼尽全力想办法或者思考问题的时候，他的眼球就会频繁左右活动。比方说，当两个人为一件事情争执不下的时候，你会看到双方的眼球都在不断地快速左右活动；当一个人的看法受到他人的反对时，他的眼球也会出现类似的活动。这是因为此时他的大脑正处在高速的运行中，目的就是为了找出理由反击对方。

除此之外，心理学家还指出，当一个人处于紧张、焦虑、不安或者戒备的情绪时，也会出现眼球左右活动的情况。比方说，当你撒谎后，你希望自己能够尽可能多地掌握情况，获得更多信息，稳定自己的情绪，保证自己的谎言不被揭穿，当你处于这种紧张焦虑的情绪中时，你的眼球一定会高速左右活动。

第二种：眼球频繁看向左上方

当你与对方对话时，假如对方的眼睛向左上方看，则表示对方在回想，回忆过去发生的事情，这也叫作"思考模式"。比方说，当你回忆昨晚看的电视剧的内容，周末和朋友去了哪家餐厅聚会，等等。当人们进入"思考模式"时，眼睛就会向左上方看。这类人常常深陷回忆无法自拔，他们会在谈话中不自觉地进入"思考模式"，所以，在和这类人交流时，一定要有耐心。

第三种：眼球时常看向右上方

眼睛看向右上方表示这个人已经进入"视觉想象"模式，一个经常看向右上方的人很爱幻想，或者正在回忆过去，或者正在畅想未来。一般情况下，这类人不仅爱幻想，还很善于分析，逻辑思维能力很强。用时下比较流行的话说，就是这类人的脑洞比较大，会按照自己的想象去分析事物。因此，一些比较有名的科学家和发明家，比如牛顿、爱迪生等，都有这个习惯。另外，当人们看向右上方的时候，大脑的影像功能也随之打开，此时人们会进入"白日梦"模式，电视剧中的女主角们幻想白马王子时，也是这个表现，不正好印证了这一点吗？

第四种：眼球频繁看向左下方

在社交中，一个人的眼睛如果频繁看向左下方，代表他的听觉在发挥作用，他正在和自己对话。比方说，自己给自己鼓励时说"你能行的！"，或者自己为自己唱一首喜欢的歌。

一般情况下，眼睛频繁看向左下方的人，具有非常强的想象力和思考能力，他们崇尚自由的生活，不过，这类人在大家眼里，通常有些游手好闲、好吃懒做。然而，这只是大家的错觉。恰恰相反，这类人比任何人都懂得生活。实际上，他们会用非常认真的态度对待工作和生活，并且虚怀若谷，认真接纳别人的意见，也会直率地表达自己的想法。

所以，在和这种性格随和、直来直往的人相处时，尽量不要给对方造成压迫感，否则你的压力会让对方感到被束缚，反而不利于人际交往。如果这类人是你的员工，那么你就要尽量营造一个轻松的工作氛围；假如这类人是你的同事，你应该和他进行平等的交流，否则想要获取他们的信任是很困难的。

第五种：眼球频繁看向右下方

当一个人在与对方交谈时，眼球频繁看向右下方，说明这个人的情感很丰富，情绪波动较大，容易感情用事。一般来说，这类人心思细腻，思考能力很强，所以，这类人在与他人的交流中容易真情流露，打动对方。

另外，这类人的怀疑心也很重，因此他们会非常关心他人的感情变化。除此之外，眼球频繁向右下方看的人，也比一般人更精明，更懂得如何圆滑地处理世事。但是，如果在谈话的过程中，对方看向右下方的频率很高，也说明此人说话不可信。

总之，根据眼球的转动方向和转动频率，我们能够从中获得不少重要的线索和信息。由此可见，眼球转动的频率与方向大有文章。不管是在日常生活中，还是在职场奋斗时，我们都千万不可忽视他人的眼球动作。

眨眼睛可不仅仅是暗送秋波

眨眼睛是人们常做的动作，也是眼部动作中最为平常的一种。通常，造成眨眼的因素有两种：一种是不由自主地眨眼，通常是受到了外界的刺激，比如眼睛里有东西等，也就是下意识地眨眼；另一种则是主观因素，也就是说，是出于个人的主观意志所做出的动作，它可以是两个人之间默契的表现，也可以是一种暗示——这种眨眼的眼部语言，能让对方知道你想要说什么，或者你在想什么，以及如何配合等。

由此可见，主观的眨眼动作，代表的是某些心理征兆。由于这种方式经常出现在朋友、情侣、搭档等人身上，因而可以说，眨眼是人与人之间传递感情的一种方式。

对于眨眼睛，我们大部分人会认为，这是情人间的"暗送秋波"。当然，这种说法是正确的。恋爱中的男女眨眼睛，确实是一种"暗送秋波"，表达"我喜欢你""我在意你"的意思。但眨眼睛可不仅仅是暗送秋波。

在正常状态下，一个人每分钟眨眼的次数为 7 次左右，每次眨眼的平均时间是 0.4 秒。而在非正常状态下，人们的这种眨眼间隔时间会被打破。所谓的非正常状态，是指情绪起伏较大的状态，比如紧张、恐惧等。在这种情况下，眼睛很难维持正常的眨眼频率，且眨眼频率有明显的变化。造成这种情况的原因有很多，最常见的就是说谎。因为人们在说谎的时候，情绪比较紧张，无法保持内心的平静，所以就会下意识地用眨眼来宣泄紧张感和不安感。当一个人在撒谎的时候，如果别人看着他，他会感觉到压力，而在这种压力之下，或许他能够控制住自己语言的表达，但是他无法控制眼睛"说实话"，因为眼睛会随着他的紧张心理而频繁地眨动。

一天晚上，丈夫午夜时分才回到家中，妻子对其发起了盘问。妻子说："你这么晚回来，究竟在外面做了什么？"丈夫为了表达诚意，望着妻子的眼睛说："我晚归是有原因的。"

妻子也直视着丈夫，继续盘问道："那好，你说清楚晚归的这段时间都干了些什么。"丈夫尽量让自己的目光看上去真诚可信，他不断地眨着眼睛说："汽车没油，我去加油了。加油时，我排队排了很长时间。"尽管丈夫的语气非常诚恳，敏感的妻子还是猜到丈夫隐瞒了一些事情。

在这个故事中，丈夫眨眼的动作其实已经说明了一切。或许他以为这样会让自己看上去"无辜"一些，但这正是泄露他说谎的因素。通常，人们会先入为主地认为男人喜欢说谎，但事实上，大部分男人都不善于说谎，也正因为他们说谎的方式比较拙劣，所以才能轻易被女人识破。女人是天生的直觉性动物，她们比男人更加敏感，因此，即使只是一个眼神或一个偶然的小动作，她们都能敏锐地察觉其中隐藏的信息。比如，故事中的丈夫频繁地眨眼，而妻子在很少见到丈夫眨眼的情况下，必定会识破他说谎的事实。所以，丈夫本想通过眨眼进行掩饰，却恰恰成为了一种揭示谎言的动作。事实上，很多时候，面试官在招聘职员时正是通过观察应聘者的各种小动作来判断对方语言的可信度的。

另外，眨眼的动作除了在心虚和撒谎时经常为人所用以外，通常也会在受到威胁、看到不喜欢的事物或人时出现。当然，眨眼是一种下意识的动作，是人们的大脑神经企图阻止自己说出秘密所下达的命令。

在人际交往中，如果有人频繁地向你做出眨眼的动作，那么可能就意味着，他不想和你交谈下去，这种行为的暗示语就是"赶快从我眼前消失"。如果他闭眼的间隔时间在三秒以上，就说明他正在思考，这种眼睛动作所表达的是一种轻蔑的态度。当然，人们在没有受到他人重视时，也会做出这种眨眼的动作，但是闭眼的间隔没有前者时间长。如果对方的眨眼频率比较缓慢，就说明你无法让对方产生兴趣。此时，你就要改变自己的谈话方式了。

总之，在人际交往中，对方眨眼睛代表着不同的意思，这要根据你们谈话的内容和所处的环境而具体观察。

通过眼神的碰撞活动了解他人的思想

周飞是出入境处的一名检查人员。有一次，在检查一辆进关的汽车时，周飞发现汽车司机的神情有些问题。这位司机在回答周飞的问题时，眼神非常不自然，总是躲躲闪闪。但当周飞和同事对这辆汽车进行例行检查时，却没有发现什么异常，车上装载的都是一些礼品盒。而当周飞表示要打开礼品盒时，这位司机明显表现出了惊慌的表情，并连忙声称在装车之前，东西都是经过检查才封盒的，如果再检查一次，损失应由周飞承担，试图以此让他们知难而退。

但是，周飞认为整件事并没有那么简单。于是，周飞执意要打开礼品盒检查，而这位司机突然表现出了强烈的不满态度，甚至有与周飞动手的举动。就在双方纠缠的时候，周飞示意同事把盒子打开，盒子打开后，在场的人都惊呆了——礼品盒里面根本没有什么果品，而是一些走私手机。

　　周飞因为一个眼神的交汇就破获了一起手机走私案件，这实在值得人们敬佩。其实，周飞这类工作人员，平时就接受过一系列的"眼神中的含义"的培训——从眼神中看到对方的内心思想，这是出入境管理的工作人员工作时必备的技能。正因为有这方面的技能做铺垫，周飞才能在眼神交汇中立刻意识到有问题，明白对方是因为怕事情被揭穿，所以眼神一直显得非常惊恐。显然，这是司机为了保护自己的利益，以及害怕事情暴露的自然反应。这种情况如果不被及时发现，那么手机就将流入市场。

　　在日常生活中，很少有人亲身体验过走私者的心境，而周飞的这个故事告诉我们，不管在什么场合，注意他人的眼神变化，常常能让你获得意想不到的收获。无论是在人际交往中，还是在职场发展中，这项技能都能对你产生一定的帮助。即使你认为别人对你不具备什么影响力，你也有必要观察对方的眼神，因为通过眼神你可以分析出对方心中的想法。心理学专家指出，一个人内心的想法，即使不通过语言表达，也会从眼神的碰撞中透露出来。事实正是如此。在日常生活中，很多人都会遇到这样的情况：当你质问某人的时候，对方极力反驳、抵死不认，但是他却不敢看你，怕与你产生眼神的碰撞和交汇，这其实暴露出了他心虚的心理。

　　在任何情况下，人们都不可避免地要进行面对面的交谈。即使没有语言，人们依然可以通过眼神的交汇窥探彼此的心理活动。

其实，在日常生活中，如果内心的感情或欲望足够强烈，就会在神情或眼神上展现出来。所以说，通过眼神的碰撞活动了解他人的思想，对人际关系有着重要的影响和意义。语言的交流只是沟通的前奏，而眼神的交汇则可以使交流逐渐升温。

在眼神碰撞的"战争"中，要想谋得主动权，就要关注几个方面：首先，对方的眼神是否望向自己；其次，对方的眼神以什么样的形态望向自己，比如，是直视还是斜视，或者是视线接触之后马上逃开等；然后，对方的目光是否专注。当然，除了这些之外，在很多特殊的情况下，也会出现特殊的问题，而你所要了解的是，不同的眼神碰撞反映的是不同的心理状态。

在交谈的过程中，有的人在接触他人目光时，会突然转开视线，这表示这个人要么不善言辞、比较自卑，要么就是对谈话的内容不感兴趣；而在交谈时，有的人会直视对方，这表示这个人正在认真听对方讲话；仰视对方，则代表信任、尊重对方；俯视对方，则是抬高姿态、维护自身尊严的表现。

在日常生活中，每个人都有这样的感受——和亲人或爱人说话的时候，自己的目光都会注视着对方，而对方也会注视着自己，甚至在目光的交汇中，能看到彼此眼中的爱意。其实，在人际交往中，彼此有好感的人，在谈话时也都能通过眼神的交汇将情感传达给对方；而话不投机的人，则会相互避开对方的目光，以此来消除对对方的厌恶感。

视线方向，透视他人的心态动向

我们除了可以通过眼神来判断对方的心理活动，通过视线的方向，同样可以把握对方的心态动向。沟通的前提条件是要有视线交流，人们在平时的生活中，内心有什么想法，都会通过视线表现出来。因此，一些办案专家、成功的企业家和面试官们，常常会对他人的视线进行观察，从而了解对方的心理活动。

周玲是北京一家外企的人力资源主管，她毕业于人力资源专业，并且已经在这行工作了十余年，早练就了一双"看人识人"的独特眼睛。凡是经她招聘来的职员，在工作岗位上都表现得非常不错。

有一次，公司要招聘一名法务主管。由于公司是外企，工资待遇在行业内属于领先水平，所以来面试的人非常多。招聘专员在经过两轮面试后，留下两位专业能力比较强的应聘者，让周玲来进行最终面试。在会客室，周玲见到了这两位应聘者。在对他们进行了一一了解之后，便开始向他们提问题。当周玲问到"上一份工作为何辞职"这一问题时，两个人有了不同的反应：第一位应聘者直视着周玲的眼睛，缓缓地说："我因为觉得没有什么发展前途，就提出离职了。"第二位应聘者说："我因为家庭的原因离开的。"第二位应聘者刚开始时眼睛的视线也是看着周玲的，但说理由的时候，就马上躲开了周玲的视线，看向了旁边的另一位应聘者。

本来周玲在没有问及这一问题时，她的选择一直偏向第二位应聘者，但当第二位应聘者回答问题时，视线躲着她，她便有了疑心。但周玲不露声色，接下来又问了几个问题后，让两个人回去等消息。

面试完毕后，周玲让手下的人去查查第二位应聘者离职的原因。结果反馈回来的消息是：第二位应聘者在原来的公司担任法务主管时，在审核合同时不仔细，让公司蒙受了巨大损失，因此公司辞退了他。这下周玲知道了第二位应聘者在回答离职原因时，视线一直躲闪她的原因所在。毫无疑问，这位应聘者出局了。

周玲就是通过应聘者的视线方向判断出对方有所隐瞒，继而查出了真实情况。我们在社交中，也可以效仿周玲，通过视线方向透视他人的心态动向。总体来说，一个人的视线方向可以从以下五个方面来进行解读：

第一，交谈中，对方的视线是否注视着自己。这是最关键的一点。

第二，对方视线的活动方向。对方和你进行目光交流后马上躲开，和对方一直看着你的眼睛，这两者传达出来的信息是完全不一样的。

第三，视线方向。不同的视线方向表达的内心活动是不一样的。

第四，视线位置如何，眼睛是向上看还是向下看，向左看还是向右看，等等。

第五，注意力的集中程度。对方是在聚精会神地看着自己，还是视线飘忽不定，这些反应所代表的内心活动是不一样的。

所以，在社交活动中，通过对他人视线方向的观察，可以得到不少有用的信息。

1. 斜视的眼光：表示拒绝、藐视或感兴趣的心理

当一群人聚在一起时，常常出现有人斜视他人的眼光。当你看到这种眼光时，表示此人可能不太想加入这个活动，因为斜视通常表示拒绝、不屑、藐视等情绪。在商场上，竞争对手之间难免会狭路相逢，他们相互之间经常用斜眼看对方。

然而，斜视又带点微笑的延伸，表达的意义恰恰相反，表示对对方感兴趣。特别是在初次见面的男女身上，常见到这种动作。假如你是一位美丽的女孩子，有一位不太熟悉的男士这样看你，那说明这位男士已经被你迷住了。遇到这种情况，你应该落落大方地走过去和对方聊天，加深了解。此时，略带斜视的眼神开启了一段美好的爱情。

2. 没有表情的眼神：表示心中有所不平或不满

有人觉得，没有表情是因为两个人之间没有矛盾，没有摩擦，要是有矛盾，两个人不早就打起来了吗？其实，这种想法是错的。人们在思考问题时，有的会闭起眼睛，有的会发呆，一旦把问题想清楚或者有了新的想法时，眼神里会透露出一丝很难察觉的光，或者眨眨眼。总之，在交际中没有任何眼神和表情，不是什么好

预兆。

比如，你遇到你的一个朋友，对他说："好巧啊，我正好在附近逛街，要不要顺便一起吃个饭？"对方的眼神毫无情感，说："好久不见，最近如何？"脸上的笑容还没待你看清就消失了。这就表示对方并不想和你继续交流下去，产生了拒绝的心理。

又如一对恋人在聊天时，突然发生不愉快，女生说："我要回家了。"站起来就走，脸上毫无表情，表示这个女孩心里对男孩很不满，也许马上就要爆发了。

再比如，一些性格比较软弱的人被自己反感的人邀请一起吃饭，如果一开始就能拒绝固然好，可是这类人偏偏不善言辞，只能跟着去，这时候，他们也会面无表情。遇到这种情况，"东道主"一定要问他："你怎么了吗？哪里不舒服吗？"要表现出自己的关心。

3. 当对方眼睛看远方时：表示对你的谈话内容不关心或在考虑别的事情

对于这一点，我们举一个很简单的例子来说明。如果一个男子正在向一个女子求婚，而女子的视线却一直看着其他地方，这说明女子还没做好结婚的准备，只是不好意思说出口。在这种情况下，男子不妨试探性地问问她，是不是自己哪里做得不好。

假如双方正在进行一次商务谈判,对方的视线时不时看向远方,他同样在心里打着小算盘，想着怎么让条款对自己更有利。假如是在谈生意，对方的视线注视着远方，千万不要和对方合作，因为对方很可能没钱支付货款；假如对方是卖家，很可能会携款潜逃，或者提供残次品。

总之，当你的交易对象出现这种情况的时候，多一个心眼总是没坏处的。此时，你可以直白地问对方："你是不是有什么难处？说出来，我们大家一起解决。"如果对方想都不想就慌慌张张地说："没，没有问题，我们赶快签约吧……"此时，你应该马上终止和对方的谈判，改口说："我们以后再说吧。"

因此，在与他人的交流过程中，一定要格外注意那些视线望向远方的人。他们的视线看着远方，心里的小算盘也算得可远了。

4. 眼神发亮略显阴险时：表示对人不相信，处于戒备中

当人与人之间用这样的眼神注视对方时，表示他们相互敌视、厌恶；在初次见面中，也有见到这种视线的可能性；当朋友和同事误会你，你找对方解释真相时，也会遇到这样的眼神。

初次见面就碰上这样的眼神，表示对方对你极其不信任，对你讲的内容极度不感兴趣。如果你并没有做什么让对方感到不适的事情，那可能是对方在外界听到你的某些"风言风语"，对你先入为主了。

朋友和同事误会你，你找他们解释时，难免会听几句冷言冷语。

这个时候，如果他们眼神十分冷漠、怀有敌意，说明你已经完全
被误解了，对方对你进入了戒备状态。一旦被别人误会，解释的
态度一定要诚恳，切勿冲动行事，这样才能消除误会，和好如初。

不敢直视你，对你不敢兴趣

在一些场合与他人交流或者接触时，如果想知道对方是否对自
己有兴趣，是否重视自己的谈话，我们不妨试着多注意一下对方
的视线。人的视线其实也反映着人的心态，如果对方完全没有看
着你，那其实便是对你不感兴趣的一种表现。但如果在一些公众
场合行走时，受到陌生人的注视，我们内心反而又会觉得紧张与
不安，甚至心跳加速，害怕有不好的事情发生。

所以，不相识的人，经过短暂的目光触碰之后，双方的视线便
会立即移开。这是因为人们觉得，被他人看久了之后，眼神会出
卖自己，会一不小心让他人窥探到自己的隐私。

一般情况下我们认为，在双方初次目光接触时，能够主动移开
视线的一方，是胜利的一方，在性格与为人处事上也是能够主动
出击的人。其实，哪一方能够在交谈的过程中占据主导地位，在

谈话最先开始的 30 秒内即能很快地区分出来。另外，也有些人会因为对方主动移开视线而心生芥蒂，觉得没有受到对方的尊重，容易胡思乱想，这样也会在无形中导致双方的交流与相处受到一定的阻碍。所以在生活中与他人初次接触时，对于不能集中视线跟你沟通的人，我们应该要格外留心。

但如果是在一些特殊的场合下，为了减少人们的关注与注视而主动去移开视线的话，那就该另当别论了。相对来说，人们只有在撒谎、做错事情或者感到心中有愧时，才会出现这些情况。

在一些人多的公众场合，如果面对的是一位异性，却又只简短看上一眼便主动移开视线的人，大多是内心对对方产生了一种奇特的好感与兴趣的。例如，在商场或者超市，看到身材匀称、长相甜美的女性时，人们便会不由自主地盯着看，但有些年轻的男性却会很快移开自己注视的目光，快速地看向他处。从内心来讲，他们也是非常愉悦的，期待能多看上几眼，但基于一种害羞与腼腆的心理，他们会压抑这种想法。如果实在忍不住，也会用眼睛的余光来偷看，但又不想被对方看破心中所想。

还有一种就是对感兴趣的异性看上一眼后便选择闭上眼睛沉思一会儿，之后再浅浅地看上一眼，再沉思的这种类型。这种反反复复的目光注视，其实是一种尊重对方、信赖对方的表现。如果身边有女性如此反复地看你，或许便是内心已经认可了你且愿意与你交往的表现。

另一种普遍存在的就是不敢直视对方目光的情况。在工作中，当上下级汇报工作、讨论问题时，作为上司，在身份上就会有一种优越感，所以其看人的视线也定是从上向下看；而下属呢，哪怕工作中没有出错，视线也会由下而上趋于柔软。这是因为职位的高低也会使人产生一定的压力，会左右人们的心理。

但凡事也是会有例外的。有人曾做过一个小测验，就是让一些从小便胆小、内向、不愿与人交流且充满自卑感的孩子与成人见面，以此来测试他们目光注视时间的长短。结果表明，同样的孩子在大人戴上面具与不戴面具时的注视时间竟然相差 3 倍。所以内向的人一般不会直面注视对方太久，视线短暂停留后便会立刻移开。

眼睛是心灵的窗户。在生活中，只要我们善于观察，就可透过他人的视线，轻松了解到别人的心态，进而探究到他人内心的情感。

眼睛向左说真话，向右在撒谎

警察局在处理一些刑事、民事案件的时候，工作难度比其他政府职能部门的工作难度要大得多，因为这不仅涉及老百姓的利益，还关系到社会治安。没有人会直接承认自己就是罪犯，如果没有确凿的证据，如何让犯罪分子接受法律的制裁？这需要办案人员们具备一双"慧眼"，找到蛛丝马迹，让犯罪分子原形毕露，无法辩驳。因此，办案人员不会放过嫌疑人的任何一个眼神和动作。

当办案人员对犯罪嫌疑人进行审问时，嫌疑人目光的方向，会告诉警察他说的是否是真话。对此，心理学专家指出，除"左撇子"以外，当一个人与人交谈时眼睛向右看，说明他的右脑正在工作，而右脑是专门负责说谎的"机构"，因此当眼睛向右看时，证明这个人在说谎；相反，如果在交谈时眼睛看向左边，说明这个人正在回忆事情，因此证明这个人说的话是比较可信的。由于这个说法看起来很有科学依据，并且获得了很多人的肯定，于是有一些警察局还专门开设了相关课程。

然而，英国心理学家理查·怀斯曼却对这一理论表示怀疑，并且推翻了这一理论。他在自己的一部心理学著作中提到："一个人在与人交谈的过程中，向右看还是向左看，都跟他是否撒谎没有关系。如果依靠眼睛的左右方向就能判断出话语的真假，那么还不如用投硬币的方式来判断，这样或许可信度还更高一些。"怀斯曼的嘲讽并不是空穴来风，实际上，他受邀参加了多次"谎言心理学"的演讲，而"眼球动向和谎言的关系"是台下听众最为关心的问题。

针对听众的这一疑问，怀斯曼解释说："眼球动向和谎言的关系这一理论，在心理学上并没有任何资料或论证来证明，所以，我决定亲自确认一下。"于是，怀斯曼针对这个论题做了一个实验，这项实验分为两个阶段：

第一阶段：怀斯曼把参与实验的人分为两组，其中一组把钱包放进自己的口袋里，但必须骗对方说自己忘带钱包了，另外一组不带钱包，并且告诉对方实话。接下来，实验开始，两组实验对象开始聊天，怀斯曼和助手们把实验过程全部拍摄下来。最后，实验证明，两组实验对象不管是不是在撒谎，眼球左右活动的频率没有什么差别。

第二阶段：怀斯曼通过自己和警方的关系，借来了很多犯罪分子的审讯视频。其中，那些非常嚣张的，宣称自己根本就没犯法的人，在证据确凿、破案之后，被证实其中有部分人在撒谎。然而，怀斯曼和助手们把这些撒谎的人的眼球活动视频，和那些说实话的人的眼球活动视频进行对照分析后发现，撒谎和眼球活动方向并没有什么关系。

虽然怀斯曼的这一实验并不能说明眼球活动方向和撒谎有关，但也不能说明二者之间毫无联系。

实际上，早在20世纪70年代，这种思想体系就已经产生了。起初，人们的记忆都是真实的，但是随着撒谎行为的诞生，"真"与"假"有了鲜明的对比，因此，虚假的记忆也在人们的大脑里占据一席之地。所以，根据目光方向判断一个人是否说谎的理论，一传十十传百，甚至很多企业在招聘员工时，也会仔细观察应聘者的表情以及他们目光的方向，判断他们是不是在说真话，有没有隐瞒事实。我们虽然不能根据目光方向判断一个人是否在撒谎，但是我们可以通过一个人眼睛的活动来判断他的心理活动。

实际上，判断一个人是不是在撒谎的依据很复杂，单纯靠眼球活动方向来判断是行不通的。第一，要根据这个人的行为习惯去判断他说的是真话还是假话，而这一步的基础，就是要了解此人说真话时是什么表现，然后对他的各种行为进行分析；第二，由于常人在撒谎后会很心虚，因此，他们会不知不觉地露出一些马脚。

我相信大家一定遇到过这样的情况：当你在和一个人聊天时，对方的眼神总是飘忽不定，精神不集中，不敢直视你的眼睛。几乎所有人在遇到这种情况时，都会觉得对方在说假话，或者有什么不可告人的秘密。人们的这种怀疑是有根据的。从心理学的角度分析，人们心虚时常常会回避对方的眼神，也可能表示说话者有些难言之隐，甚至要故意隐瞒一些事实。而眼神的这一活动，恰恰暴露了此人内心的真实想法。可是，虽然躲避视线的人大部分都是因为心虚，但是也不能证明一个人不敢与他人对视就是在说谎，也存在这个人性格内向，不敢与人对视的情况，这就另当别论了。

通常来说，那些性格比较内向、自卑的人，比较排斥和他人进行直接的目光接触。除此之外，在人与人的交流过程中，他们眼睛不断左右活动，并不是心虚，也许是对方对你说的内容不感兴趣，想要离开。

警察局的办案人员指出，当一些犯罪分子被抓获接受审问时，他们对办案人员的问询十分反感，同时会产生想要马上摆脱的想法。所以，他们的目光会看向别的地方，特别是左边。可是，他们也不敢太嚣张，所以只能克制自己的情绪，尽量不和办案人员进行目光接触，并且无意识地看向左边。

如此一来，矛盾心理就出现了：想要走但又走不了，于是只能强迫自己接受办案人员的询问。因此，在这种矛盾心理的驱使下，他们的眼睛就成了突破口，为了掩盖内心真实的想法，他们会避开视线。

其实在现实生活中，也有不少实例。比方说，当一个孩子看到自己不想看到的东西时，他会用手蒙住眼睛；当一个成年人看到不想看的东西，或者拒绝某件事时，会不自觉地看向其他方向。这一行为，是为了不让自己的双眼透露出更多信息，或者是要掩盖谎言。

第四章
十指窥心，手部动作映射飞速旋转的深邃心思

一个人的心理活动除了会从面部表情上反映出来，也会从肢体动作中泄露出来。多数人会下意识地对自己的表情进行遮掩，但对肢体动作的控制则并不到位，这正是我们洞悉他人内心真实态势的良好契机。事实上，即使是一个简单的手势，在不同情境下也会有千差万别的含义。

灵动的指尖流淌着心灵的密语

不仅是我们的表情、眼神会透露很多信息，我们的手也包含着众多线索。毫不夸张地说，手就是我们的第二张脸。在日常社交中，我们会遇到形形色色的人，通过一个人手上的细微动作，就能对一个人做出基本的判断。就算你脸上毫无表情，你的手也会出卖你。有时候，"手"透露出的信息比"脸"透露出的信息更真实。

悠悠和小陈同为一个部门的职员，两人的工作能力和业绩都非常出色，上级有意晋升其中一位为该部门副主管。于是，部门主管丽萨给她们两人安排了同样的工作任务作为考核，成绩优秀者即可获得晋升。

两人都卯足了劲儿想得到这个机会。有一天下班后，小陈还在加班，偶然间看到悠悠桌上摆放的工作草稿，发现悠悠完成得比自己更精彩，于是心生一念，决定抄袭悠悠的内容。一周后，上级看到两份雷同的工作，非常生气，而悠悠和小陈各执一词，于是上级安排主管丽萨查清楚这件事。

丽萨把悠悠和小陈分别叫进办公室。悠悠很委屈，但是讲话的语气非常诚恳，面对丽萨的疑问，悠悠也很认真地解答了，丽萨似乎没有怀疑悠悠的理由；当小陈在陈述时，虽然态度也很诚恳，情到浓时还流下了眼泪，可是在陈述的过程中，面对丽萨的提问，小陈总是支支吾吾的，手上的动作局促不安，一直在抠自己的手指，丽萨觉得有蹊跷。最后，当丽萨问到小陈任务灵感的来源时，她果然没回答上来。最后，抄袭事件终于真相大白。

小陈由于抄袭被公司辞退，悠悠获得了晋升的资格。可见，任何细微的动作都逃不过识人高手的法眼。

事实上，手部动作反映出来的信息十分丰富，光是五个手指的动作，都有不同的含义。

在古罗马时代的角斗中，裁判常常用大拇指向上或向下判定最后的结果，向上表示胜利，向下表示死亡。在历史上，大拇指也是权利和身份的象征，帝王常常会在拇指上带一个扳指，象征自己无上的权力。拇指还表示一个人的性格很坚强，通常自高自大。一般来说，大拇指代表的是操控、优越甚至侵略。

有时，人们把手伸进口袋，把大拇指藏起来，企图掩饰自己强势的性格，可是大拇指还是在不经意间露了出来。有些性格比较强势的女性，也常常喜欢伸出自己的大拇指。除此之外，多用拇指手势的人通常还喜欢踮着脚，以便让自己看起来更高大。

还有一个很常见的动作就是交叉双臂，大拇指向上。这个动作有两层含义——手臂交叉意味着此人现在态度很消极；两个拇指向上则表示此人有强烈的优越感。通常来说，喜欢这种姿势的人，有一种特别强烈的，想表达自己优越感的想法。

用拇指指向某人，是一个极不尊重的手势。对大多数女性来说，是忍受不了对方用拇指指向她们的，特别是男士对她们这么做的时候，她们就更生气了。据统计，在女性中，很少有人会用拇指指人，但是当她们遇到自己不喜欢的人时，会做出这个动作。

除拇指以外，食指的动作也有不少含义。食指最大的特点是非常敏感，因此我们通常都会用食指去触摸一样东西，感知物体的特性。

在谈话的过程中，假如一方经常出现食指的动作，就好像是在教训人一样，会让谈话的另一方感到很不舒服。竖起食指，并用掌心对着说话人，意思是打断别人的讲话，假如加上一句："不好意思，我打断一下"，还显得比较有礼貌。假如直接用食指指着对方，那就有些不礼貌甚至威胁的意思了。如果食指伴随着讲话的节奏一点一点刺下去，那么很显然，对方此时的话不容置疑，他的态度十分强硬。有的人会为了缓解紧张气氛把食指换成笔，可是威胁的意味还是存在，并没有什么区别。

中指通常是自我的表现，我相信每个人都有过这样的想法，希望自己是世界的中心，虽然没有人会宣之于口。在谈话时不时触摸自己中指的人，有一种想表现自己的想法，希望获得别人的关注。

无名指常常是情感的体现。它能和其他手指同时出现，也能单独发出讯息。在聊天时，假如对方时不时抚摸无名指，则说明对方需要实际的关心，而不是嘴上虚假的理解。

小指的社交意味比较浓，虽然没什么作用，但是我们随时都能见到它。拿杯子喝水时翘起小指，虽然看上去有点矫情做作，但是也是一种优雅和美的体现。假如一个人翘起小指，通常是想博得在场人的关注。

一握手，就能感知对方心理状态

在社交活动中，握手是最常见不过的动作了，虽然人人都对它不陌生，但是对于这一动作传达出来的深层意义，却没有人深究过。一个人的性格、情绪、修养，都能通过一个小小的握手的动作表现出来，我们要学习的就是如何通过握手的动作快速了解对方的性格，在社交中占据有利地位。

握手这一打招呼的方式由来已久，最初发源于原始部落之间。当人们见面时，会放下手中的工具和武器，先把双手举起来，然后摊开手掌，相互握住。这表示自己已经放下了手中的武器，自己是友好的，没有攻击力的，对方可以放心地交流。随着时间的推移，它慢慢就演变成了今天的握手动作。

由于工作需要，韩熙需要和形形色色的客户打交道，这对于他这样一个刚走上社会的年轻人来说，是一个不小的挑战。为了让自己能够飞速进步，在工作交际中如鱼得水，他开始潜心研究心理学。经过一段时间的学习，韩熙发现，通过简单的握手动作就能准确判断对方的性格特点，从而获取主动权。一次又一次的实践表明，这一招真的很管用。

有一次，韩熙在和一个初次见面的客户握手时发现，对方手劲儿很大，像是一把钳子紧紧地夹住了自己的手。根据他了解的信息，他判定这个客户是一个很有控制欲的人，这类人通常很自大，提出的意见不容他人反驳，更别说是背叛、耍小心眼了。因此，韩熙明白，在和这个客户打交道的时候，千万不能打马虎眼，否则下场会很惨烈。

韩熙明白，想要搞定这个客户，拿下这个项目，和对方硬来是不行的，只能采取怀柔战术。因此，在和对方过招的过程中，他尽量收敛自己，以谦虚的态度应对，给足对方面子，顺着对方的话头说。客户说什么，他都持肯定的态度，并在沟通的过程中适当委婉地表达自己的想法。由于韩熙态度谦卑，谈判过程很愉快，最后，客户很痛快地就签了合同。

这一场较量，看似是韩熙输了气场，根本不是客户的对手，可是，最后的赢家不还是韩熙吗？他成功地拿到了项目合约。

握手，看似是一个简单的动作，可是蕴含的信息却很多。通过握手的力度、握手的姿势和握手时间的长短，就能大致判断出对方的性格特点以及自己是否受欢迎。同样是握手，有的人握手会让人感到很亲切，很想和他交朋友，可有的人却像是提防着什么似的。所以，从这个方面来讲，握手不仅仅是一个礼节行为，在某些方面还能反映一个人的内心世界。我们应该如何通过握手的动作来观察一个人呢？大致可以从以下 6 个方面入手：

1. 不愿主动握手

有的人在打招呼时，很少主动伸出手与人握手，这些人大部分为主刀医生、画家、法医、音乐家，等等，他们由于工作的特殊性，需要格外注意自己的手，因此通常情况下不主动与人握手，在非握不可的情况下也很小心。另外，还有的人性格比较内向，或者手容易出汗，为了避免让对方尴尬，他们不会主动伸出手，迫不得已时，他们会先把自己的手擦干净，再和对方握手。

2. 握手时掌心向下

握手时出现这样的动作说明对方的控制欲很强，是一个性格很强势的人。这样的人通常喜欢压制对方，让对方臣服于自己。一般情况下，一些官阶比较高的官员或者身份比较尊贵、很有权势的人，是不会与人握手的，在非握不可的情况下，常常会用这样的握手方式，以显示出自己身份的尊贵。

3. 握手时大幅度摆动手臂

一般真诚地欢迎对方时，双方的握手时间会很长，接待方会尽力让对方感受到自己的热情，我们常常在老友重逢、战友相见时看到这样的场景。老朋友很久没见，再次见到时会兴奋地抓住对方的手，有的说不定还会热泪盈眶，然后手紧握在一起，用力地上下摆动，可见两人友谊的深厚。但是，也有不少人借助这个动作故意制造出亲热、真诚的态度，不过，他们握手的幅度会出奇地大，让人感觉很不自然，反而让周围的人觉得是逢场作戏，十分虚伪。本来是一个很感人的场面，最后却尴尬收场。

4. 握手时没有力气

握手时的力度也很有讲究，握手的人用力适当，会让对方感受到友好的气氛。可是，有的人握手力度非常小，几乎感受不到，让别人觉得自己是不受欢迎的。这种握手方式是不尊重对方的行为，是不恰当的。不仅会让对方感到尴尬，还会直接透露出自己性格中软弱的一面。因为他们不管跟谁握手都是有气无力的，他们的手随时随地能被他人控制，也说明这类人缺乏责任感，无法担当大任。

5. 握手时力气很大

和前者不同，有的人在和对方握手时喜欢紧紧握住对方的手，好像要把吃奶的劲儿都使出来，让对方感觉手很疼。通常用这种方式握手的人，性格比较豪放，对自己很有信心，甚至还有点自负，做事独断专行，很容易钻牛角尖，但是有很强的领导能力，是一个做领导的人才。

6. 握手时只伸出手指

还有的人在握手时只伸出手指，好像是受胁迫一样，十分小气。这样的握手动作会让对方觉得握手者是不是对自己有意见。但是，握手者可能并不是不情愿或者有敌意，也有可能是性格很害羞。男士和女士握手时，为了表达对女士的尊重，男士也会采取这样的握手方法。不过，同性之间出现这样的情况，很明显就是对方看不起你，或者自己不自信。不管因为什么样的原因，这样的握手方式都会给人留下不好的印象，所以一定要避免。

综上所述，不同的握手方式传达出来的信息是不一样的，像刚刚提到的只握手指或者握手无力，还不如不握。实际上，大多数人在握手时意识不到自己给对方的感觉，有的人觉得自己力度刚好，可是对方却觉得力度太大，从而认定你是一个控制力很强的人。如果我们想要改进自己的话，不妨私下问问对方的意见，动作是否正确？力度是否恰当？这样，我们就能尽量用积极正确的握手动作给对方留下正面的印象了。

单手托脸，是思考还是厌烦

一个人在商场和在社交中成功与否，与个人的沟通能力分不开。因此，对于那些想知道自己被对方了解到什么程度的人来说，对反馈信息的分析和评估是极为重要的。有很多固定的动作表示一个人正在对收到的信息进行分析，但是，假如我们不细心留意的话，这些动作很容易被忽略。

比方说，一个老师在讲某个知识点时，他发现有个同学眼睛盯着黑板，目不转睛，身体坐得笔直，也不和旁边的同学交头接耳。也许你会觉得这个学生在认真听讲，然而，真实情况并不是这样，这位同学早就神游太虚了。有的人会努力做出一副很认真的样子，其实，他的心早就飞了。

真正专心听讲的同学是什么样子的呢？他们会坐在凳子边缘，上身前倾，头歪向一边，有时候还会用手托住自己的下巴。一个人的头向某个方向倾斜，表示他不仅在认真听，还在认真想。

著名作家伍尔伯特在《听众》中写到："当一个学生坐在课堂上逐渐被面前的问题吸引住的时候，他一般会塌下双肩，摊开双脚，挠着头皮，并且做出许多无意识的动作。问题解决之后，他会坐正，整整衣服，再次回复到正常的状态。"

相信大家一定看到过著名雕塑家奥古斯特·罗丹的作品《思想者》，这个作品就是对身体姿态反映的信息做出的最完美的诠释。谁会怀疑这个雕塑的主角不是正在进行思考呢？其实，在日常生活中，我们也常常见到身边的人做出与"思想者"类似的姿势，这说明这个人正在思考一件很复杂或者很棘手的问题。

不过，有一点需要我们注意，双手托腮进行思考的动作，很容易被人误会成不耐烦或者厌烦的动作。因为，当一个人对眼前的事情不感兴趣时，他也会用手托脸，只是人在这种情况下面部无表情，双目无神而已。

有时候，一个人还会做出一些具有消极意义的揣摩动作。比方说，用一只手撑住脸，食指紧靠脸颊，大拇指托着下巴，剩下的手指处于鼻子下方。这种姿势说明，这个人不仅在分析对方此刻说的内容，而且还在对对方的观点进行思考和批判，也许下一秒，他就要开始反驳了。

还有一部分男性在思考问题时，会伸出手摸摸自己下巴上的胡子，就像古时候文人捻须一样。通常情况下，当一个人准备做出决定的时候，会出现这种动作，意思是："让我想想看。"与该动作同时出现的"标配"表情是眼睛微微看向下方，好像是在考虑一个很长远的问题，最后做出最佳决定。

假如一个人把眼镜拨落至鼻子上，通过缝隙观察正在发表意见的人，这并不是鄙夷，而是一种很正常的揣摩动作。看到对方做出这种姿势，我们常常会感觉自己说的话正在接受批判，并不为人认同。假如你常用这种姿势思考，那么你应该知道这种姿势实际上会令对方感到不愉快。如果你不想打击对方的自信，拉开与对方的距离，就应该尽快纠正这个姿势。

双手相握，可能不满，也可能不安

人们常常会把双手握在一起，这种动作再常见不过了，可是你知道双手相握也能传递不少信息吗？不相信？我们不妨来看看下面这个案例：

汪洋是一家企业的人力资源部门职员，主要负责面试。在今天的面试中，所有的面试者都表现得非常好，很难抉择，于是经过几个面试官的讨论，决定加试一轮。加试的内容很简单，就是和面试官聊天，每人五分钟。

加试的过程在一片祥和的氛围中进行，几位面试者都非常健谈，有的说自己旅行的经历，有的说自己之前做过的一个很精彩的项目，还有的在说自己对未来的人生规划，面试官们都很满意。

可是汪洋却对其中一个名叫赵天的面试者格外留意。因为别的面试者在聊天的时候，情绪都很放松，双手打开，讲到兴奋时还会伴随一些肢体动作。虽然赵天也很健谈，但是他一直把双手十指交叉放在桌子上，从未分开过。汪洋注意到这个细节，最后赵天并没有被录取。

后来汪洋找朋友打听才知道，赵天这个人城府很深，从不相信人，也很难让人信任，他从之前的公司辞职就是因为和同事相处不来。

那么，双手相握到底包含哪些信息呢？主要有以下三点：

1. 两手紧紧纠缠，说明此人内心紧张焦虑

假如一个人的双手紧紧纠缠在一起，还伴随着一些小动作，通常情况下，这说明此人内心很焦虑，很紧张，特别是当他面对一系列很尖锐的问题时，这种动作更加频繁。有一家著名企业在进行董事会改选时，会议室突然断电，漆黑一片，改选会议只得改期。后来在接受记者采访时，有记者问到这个问题，事后从视频中发现，负责人回答问题时正是采用了这个手势。

如果在聊天中对方手部是这种动作，说明此人现在精神高度紧张，你应该对此人进行安慰，让他放松。最有效的方法就是身体略微前倾，用和善的语气对他说话。

比方说，老板正在和员工谈话，员工常常会怀疑老板的态度。假如老板威严地坐在办公桌后面，目光坚定地看着员工，那么员工肯定会感到很紧张，双手紧紧地缠绕在一起，心想：最近是犯了什么错？老板是不是要开除自己？假如老板起身，安排员工坐在办公室的沙发上，而老板也随之坐在旁边的沙发上，身体略微倾向员工。那么员工的双手一定会分开，表现出一种稍微放松的态度。

2. 双手在十指交叉，很难让人相信

我们可以想象这样一个场景：一个人挺拔地坐在会议桌旁，把两手放在桌子上，十指交叉，语气很礼貌委婉地说："我对这个项目的态度一直很乐观，我也很期待你们给我们的方案。"毫无

疑问，这个人虽然嘴上说态度乐观，实际上他的动作出卖了自己，他最后根本不会跟对方签订合同。

因为当一个人态度很诚恳时，他会摊开双手，而双手交叉恰恰相反。像这样想要欺骗对方，敷衍对方时，最后的结果也许并不像他预想的那样，反而会引起对方的反感，在业内树敌。不过，也有另外一种情况，当一个人面临很大的压力，想保护自己时，也会把两手交叉。这说明他正在努力克制自己的情绪，不让愤怒爆发。

3. 双手握拳，表示愤怒或者下决心

心理学家路易斯·罗伊伯在他的研究报告《拳头》中提到，人们常常在不经意的情况下通过拳头传递信息。比方说，当某人在发表言论的同时握紧自己的拳头，以此动作来强调自己的观点，就能影响在座人的反应，这通常在演讲中比较常见。

还有的人会大大方方地伸出自己的拳头，并在空中挥舞，表示他想表达一种很强烈的情绪，比方说反对。有时，有部分人会把握拳的双手藏在口袋里或者腋下，这说明此人想掩盖自己的情绪。

行为研究师艾伯特·贝康在报告《姿势的双向影响》中提到，两手握拳代表此人在强调某个观点，或坚定某个观点。查尔斯·达尔文也在《人类和动物的表情》一书中指出，双手握拳是下决心、愤怒的表现，大部分情况下，这是一种含有敌意的动作。他还注意到，握拳的动作会传染，一个人握拳，会影响周围的人也跟着

握拳，特别是当双方处在一场激烈的争执中时，说不定两个人还会展开一场肉搏。

在远古时代，原始人常常以握拳表示挑战，现在南美印第安人的战舞中也有很多握拳的动作。如今，握拳的动作已经被广泛地运用到政界，传递着确定的信息。

双手摆成塔尖状，自我认知感极强

通常，非常自信的人在说话时，行为举止落落大方，不会出现一些琐碎的小动作。不管什么时候，你对那些十分自信的演讲者进行观察，都会发现，他们通常只靠自己的手部动作来强调自己的观点，从来不会用手碰脸或者摸头。除此之外，自信的人通常站姿非常挺拔，不会弯腰驼背，有气无力，更不会来回变换姿势。不仅如此，他们还会认真地看着观众的眼睛，不断和对方进行眼神交流，而那些很自卑的人身上是不会出现这样的情况的。

一般来说，自信的人经常做这样一种手势，就是两手指尖相互接触，形成一个三角形，像一个宝塔的塔尖一样。有时候，这样的动作也会被人认为是骄傲自满、装模作样的表现。

著名作家亨利·卡莱罗在《白宫智囊的读心术》一书中讲过这样一个有趣的故事：

史蒂夫·麦奎因是美国著名的电影演员，参演过很多经典电影，他有一个家喻户晓的外号叫作"酷头儿"。

有一天卡莱罗坐飞机去旅行，突然发现自己邻座竟然是麦奎因。卡莱罗非常激动，开始和麦奎因聊天。当他们聊到电影《辛辛那提少年》时，卡莱罗对麦奎因说："我觉得您在这部电影中扮演的那个扑克牌玩家不是很到位。"听到这里，麦奎因抱起双臂，脸色突变，很严肃地对卡莱罗说："你什么意思？"

卡莱罗连忙解释道："这部电影里有一个情节，您扮演的扑克牌玩家无意中向对手做了一个胜利的手势，就是在对方下注以后，用双手摆成了一个塔尖的形状。"

麦奎因点点头，示意卡莱罗继续说下去。卡莱罗继续解释道："凡是稳重的扑克牌玩家，从来不会做这样的动作，除非他很心虚，想壮壮声势，但您扮演的角色显然不是这个意思。所以说，这是您一个小小的表演失误。"听完卡莱罗的解释后，麦奎因放松自己的双臂，告诉卡莱罗："其实也有其他人对这个情节进行评价，但是他们却说不出理由，只能凭感觉。"

麦奎因握了握卡莱罗的手，表示他的建议对自己很有帮助。在接下来的飞行中，两人相处得十分融洽。

人们在发表言论或者倾听对方讲话时，偶尔也会做出这个动作。还有一部分人，他们并不经常做"塔尖"手势，但当他们偶尔做的时候，会把双手举得老高，几乎快要挡住自己的视线，这样的行为会让人感到很不自然。假如你还要跟对方继续交流下去，必须要克制一下自己。而女性在做这个动作的时候，通常会把手放得很低。

然而，塔尖手势并不是只有手指接触的形态，还有一种十分优雅的塔尖手势，就是一只手轻轻握拳，用另一只手包裹住拳头。通常情况下，这种手势常常出现在商场或者工作场合，一些公司员工、医生、律师、教授常常会做出这一动作，表示他们对自己现在的状况很满意。

大多数情况下，人们是在不经意的情况下把手摆成塔尖式的。但是，也不排除有人故意做这个动作，强调自己是绝对中心。比方说，有人提出建议，双方在讨论合同细节时，假如对细节满意，确定了合作意向，就可以做这个手势。按照这个建议，一方在解释了所有合同细节后，对方坐在椅子上，面带微笑，做出这个动作。这个时候，另一方马上理解了这个动作的含义，坚定地说："那就这样敲定，祝我们合作愉快。"这个手势好像有什么魔力，能马上征服对方。

还有一种情况，在谈判中地位比较被动的一方做出这个动作，会给主动的一方留下这样的印象：也许对方知道的信息比他们说的还要多，不能掉以轻心。

因此，建议大家，如果在谈判中你的陈述并没有想象中那么精彩，那么有说服力，不妨用双手做出塔尖手势，壮壮声势，然后保持沉默，等待对方的反应。

抓耳朵究竟是什么心理暗喻？

在开始本章的探索之前，我们先来看看这个故事：

陈飞是一名警察，有一天，他在车站看到一个穿着很得体，但是行为举止很不自然的人。体面的服装似乎不太符合他的气质，甚至像是为了穿这件衣服而穿衣服的样子。陈飞觉得这个人很不对劲，于是悄悄跟在他后面。没过多久，这个人来到一家商场，在黄金首饰柜台边和售货员聊起天来，而在售货员问他有什么需求时，他只说自己常年在外地经商，此次回来是为了给太太一个惊喜，给太太买一件礼物。说这些话时，那个人很不自然地抓了一下耳朵。在警校学习时，陈飞就接受过相关的训练，这个动作表示此人在撒谎，陈飞因此更加确定这个人不对劲。于是，这个人离开商场后，陈飞决定继续跟踪。

这个男人并没有回家，而是来到一家小招待所。因为住在一楼，因此陈飞对这个人的观察轻而易举。让人感到很反常的是，这个人回到房间之后什么都没做，倒头就睡了。陈飞也没回家，而是在这家招待所对面的小旅馆住下了。第二天早上，陈飞起得非常早，在招待所对面的一个早点摊等待这个人的出现。没过多久，可疑人员就出来了，依然跟昨天一样，穿得很体面，可是却没穿袜子，这明显很不对劲，于是陈飞马上请同事协助，把可疑人员带回去调查。最终发现，此人正在和同谋策划一起抢劫案，昨天他就是去商场踩点的。

在这个故事中，陈飞仅凭对方一个抓耳朵的细小动作和不协调的着装，就判断对方行为可疑，除了让人佩服他敏锐的观察力之外，也对"微动作"的作用有了新的认识。那么，为什么抓耳朵就表示这个人在撒谎呢？我们再通过下面这位心理学家的实验来了解一下。

保罗·艾克曼是美国著名的心理学家，有一次他在大学演讲时，有观众提问："假如一位有自杀倾向的精神病患者向你告假，说自己的病情已经好很多了，这个周末想和家人度过，你该怎么做？很显然，精神病患者的病情不可能在短时间内就好转，尤其是有自杀倾向的患者，更不可能，但是患者发誓说'我说的绝对是真的'。他看上去非常诚恳，让你不得不相信他。在这种情况下，应该如何判断他说的是否是真话呢？"

针对这个问题，保罗·艾克曼并没有当场解答，他回到家之后对此进行了一番研究。他把自己和一位精神病患者沟通的过程全程拍了下来。刚开始看记录时，他并没有发现什么异样，但是后来有一位患者明确告诉他，自己撒谎了。于是艾克曼对这一段视频进行仔细地观察，他发现，有一瞬间，这位患者突然用手抓了一下自己的耳朵，与此同时他说的话，就是那句谎话。

后来，经过无数次的实验和经验总结，保罗·艾克曼表示，人们说话时抓耳朵，有很大的可能性是在说假话。其实，在现实生活中，我们也会遇到这样的情况。在孩子犯错时，父母会很严厉地责骂孩子，可是孩子却捂住自己的耳朵。原因很简单，孩子们不想听到父母的责骂声。当孩子们长大之后，这种捂耳朵就变成了抓耳朵。根据调查显示，人们在抓耳朵时会抓不同的部位，这也代表不同的意义，对于这种情况，我们又该如何分析呢？

1. 挖耳朵表示对方对你不屑一顾

假如你正在口若悬河地发表自己的高见，可是对方却在不停地挖耳朵。当你看到对方做这样的动作时，你心里一定很不愉快，因为这不仅表示对方对你说的内容不感兴趣，不屑一顾，更重要的是对你不尊重。从心理学出发，当对方出现这种微动作时，很可能是表示不想再听你说下去了，如果遇到这种情况，你应该迅速转移话题，或者让对方发表一下意见。因为，就算你继续说下去，对方也听不进去了。

2. 摸后耳表示反对你的观点

假如你在发表完自己的观点后，对方却沉默不语，只是看着你，然后用手摸了一下后耳，接下来的情节通常不是对方转移话题，而是直接否认你的想法。因为这个动作的含义就是反对，此时他的脑海中一定有无数条反对你的理由。假如你还一直执着地发表自己的观点，最后只会让别人感觉厌烦，最后不欢而散。如果你在和别人聊天时发现对方做了这个动作，就赶紧停下现在的发言，让其他人说说自己的看法吧。

3. 抓耳朵的频率高，说明此人十分焦虑

莎莎是一个非常善于观察的女生，她总是能从周围人一个细小的动作中发现对方的真正意图。有一天，莎莎在沙发上无意间抬起头，发现合租的室友阿威正紧张地盯着手机，不停地抓耳挠腮。于是，莎莎放下手中的杂志，问阿威是否需要帮助。阿威有些尴尬，最后还是说出了自己的困难。原来，阿威所在工作小组的组长要过生日了，同事们把购买礼物这件事情委托给了阿威，可阿威是一位男士，他的组长是一位女士，这可为难了阿威。而莎莎却是一位紧跟潮流的女生，这个问题对莎莎来说根本不算什么，所以莎莎很快就帮阿威解决了燃眉之急。

莎莎只是抬头看了阿威一眼，怎么就确定阿威遇到难处了呢？没错，就是阿威不停抓耳朵的动作"出卖"了他。从心理学方面来分析，人们在焦虑时会坐立不安，做出一些琐碎的小动作，也

许是不停地捏鼻子，也许是频繁地摸头，也可能是不停地抓耳挠腮。

正是因为微动作包含着巨大的信息量，所以警校也特别注重培养人的观察力。其实，不光是当警察办案需要，各行各业都需要学会读懂微动作。对一些商界大佬们来说，察言观色、解读微动作就是小菜一碟，因为他们需要时刻注意周围的人是不是想窃取商业机密，或者了解合作方是否真心诚意要合作。

所以说，看人不是用眼睛看，而是要用心看，通过对一些微动作的细致分析，就能知道对方是否是一个可信的人。

双臂交叉抱，意味强烈的抵触

每个人都见过这种情景：当孩童受到惊吓或遇到陌生人时，就会躲在父母的身后，或者把双臂交叉于胸前。有人认为，这是一种人类自我保护的行为。但是，随着年龄的增长，人们逐渐脱离稚嫩，步入社会，学会了伪装。如果在遇到危险的时候，害怕得全身瑟瑟发抖，就可能会招致他人的嘲笑和讥讽。于是，很多人选择把双臂交叉放置于胸前，仿佛与外界之间竖起了一种屏障，以此来缓解内心的恐慌。后来，这个动作逐渐成了一种无意识的习惯。并且，很多时候当事人并不知道自己下意识做了这个动作。也就是说，身体语言在某种程度上比任何语言都要诚实。

在日常人际交往中，如果你将双臂交叉于胸前，那么就是在你自己和对方之间设立了一个屏障，这种做法一般说明了你心里在排斥不喜欢的人或事，意味着强烈的抵触。而心理学家对这一姿势的理解普遍一致：防御、否定、消极心理。比如，在一些公共场合，很多人都会看到这样的一幕：在排队购买东西的过程中，陌生的人们在等候时会摆出这一姿势，这是因为他们内心感到不确定，或者对身处的环境感到厌烦。

其实，不仅是人类，就连在灵长类动物猩猩身上也会出现这种姿势。因此，一些科学家认为，这个动作可能出自于人类的本能。通常情况下，在人们遇到难以解决的问题、危险，以及不认同他人观点时，都会做出双臂交叉抱于胸前的姿势。所以，在一些公共场合，譬如演讲、排队等，人们都容易做出这种动作，这也是许多演讲者无法成功地将想要表达的信息传递给听众的一大因素。演讲人在演讲时，必须留意听众双臂的姿势。因为人们双臂交叉的姿势会影响其接收外界信息的效果。而那些经验丰富的演讲者都知道，当下面的听众摆出这种姿势的时候，就意味着他们需要改变演讲策略，打破自己和听众之间的屏障，用更有效的演讲方式吸引听众的注意力，进而将其否定的态度转变为肯定的态度。

对此，相关专家进行了一项研究。心理学家分别要求两组志愿者去听几场讲座，并做了以下要求：

第一组志愿者在听讲座的时候，不能跷二郎腿、抖腿，手臂也不能交叉抱在胸前，在听的过程中还要认真做好笔记；

第二组志愿者在听讲座时可以做任何动作，比如，双臂交叉于胸前、跷二郎腿等，同时，也要求他们做好听讲的笔记。

最后，在两组志愿者完成任务后，研究人员通过对比发现，第一组成员比第二组成员所记录的内容要多出 40%，似乎第二组成员把更多的时间和精力，放在了挑剔以及厌烦演讲者的情绪上了。

因此，专家们认为，人们在听课的时候，若想取得良好的效果，只有坐端正、手臂保持规矩的方式，才能达到良好的效果。在日常生活或学习中，如果老师和演讲者发现台下的同学或观众做出了双臂交叉于胸前的姿势，那就表示，对方可能并不认同你的观点。如果不及时改变授课或演讲方式，很容易引起听众的不满情绪，甚至有被赶下台的危险。

因此，在人与人交往的过程中，如果你看到对方摆出双臂交叉的姿势，那么你就应该意识到，对方对你的言谈举止并不认同，或者是你的言谈举止让对方感觉厌烦。在遇到这样的情况时，即使对方表面上不动声色，对你的观点在口头上表示赞同，你也不应该再将话题进行下去。因为对方的这种肢体语言已经很清楚地告诉你："我并不赞同你的观点。"所以说，肢体语言比口语更加诚实。此外，除了结束谈话或话题之外，你还应该找出对方摆出这种姿势的原因，以便做出相应的回应，并尽量改变谈话方式，使对方改变姿势或态度。

另外，从双臂交叉这一姿势中，还可以读出对方的性格。从心理学的角度来讲，人的性格和肢体语言是一致的，肢体语言映射的正是人们的心理状态。如果一个人经常把双臂交叉于胸前，那么他可能是一个性格内向的人，很少向别人吐露心声；相反，那些性格乐观、习惯向别人倾诉的人，则会呈现出双臂放开下垂的姿势。如果你要找人倾诉，又希望对方不向他人提起，那么就找那些喜欢双臂交叉的人；而若要选择朋友，那些喜欢双臂下垂的人，更容易成为知心好友，且能带给你许多的欢乐。和这样的人在一起，自己也会变得比较乐观。

那么，在人与人的交往中，如果对方做出双臂交叉的姿势，应该如何化解呢？这里有一个简单而又有效的方法。比如，让对方去做一件事情，或随手递给对方一件东西；还可以在谈话或演讲的时候，给对方一支笔、一本杂志等；此外，也可以让他们做一些手头笔记和听讲记录等，让对方的双手忙碌起来，这样他们就没有机会交叉双臂了。同时，这些要求也迫使他们将身体前倾，在潜意识中就会将他们的心扉敞开，从而拉近了你与他们之间的距离。这些活动都是为了消除对方的顾虑和排斥感，让对方敞开心扉认真听你说话。

再有，你还可以拿一些影像文件让对方观看。这样一来，对方的身体就会向前倾斜，在心理角度上也起到了增进感情的效果。

与此同时，你还可以让自己的身体前倾一些，逐渐拉近彼此的距离。此时，可以伸出手臂，切记手掌一定呈向上姿势，并说："你有什么不懂的，需要我告诉你吗？"或"你感觉如何？"然后，你可以逐渐把身体向后移，这样可以暗示对方："现在由你发言了。"通过这种无声的手臂语言，你所传递的信息就是：自己已经通过肢体语言表达了想法，希望对方能够坦诚相待。

事实上，要想和对方进行有效的沟通，达到说服对方的目的，就应该关注对方交叉双臂的姿势，并找到对方摆出这种姿势的原因，以便进行游说。如果一个销售员看到消费者双臂交叉，却选择忽视这一动作，仍然喋喋不休地介绍产品，那么极有可能做不成这笔生意，同时也无法发现消费者拒绝购买产品的真实理由。所以，很多时候，正是因为人们忽略了他人双臂交叉的肢体信息，没有发现别人对自己的话语持否定态度，所以也就没有发现对方极力隐藏的真实看法。

喜欢双手叉腰的人，内心很强势

双手叉腰的姿势往往给人一种从容、自信的感觉。通常社会地位较高的人会做出这样的姿势，比如上级在对下级下达指示时。

家长教训孩子，或者有人对他人进行唾骂时也都会做出这样的动作，这显示了一种盛气凌人的气势，会给人一种先发制人的强势感。对于女性来说，这种动作还有一种特殊的用途——如果你是一个女领导，在面对自己的一群男下属时难免有驾驭不住的情况。在开会时，不妨站立着，以双手叉腰的姿势来表示自己能够驾驭一切。

传统的叉腰方式是双手放在腰上，拇指向后。还有一种动作与传统的叉腰方式有细微区别，就是双手叉腰，拇指向前。当人们好奇或者忧虑时，就会做出这样的动作。他们摆出这种疑惑的姿势，思考着到底是怎么回事。如果他们解决了疑惑，就会将拇指指向外侧，摆出更具有掌控性的姿势。

双手叉腰是一种掌控性的语言。当人们穿行在拥挤的人群中时，往往会张开双臂，用手肘为自己的身体开路，最后冲出人群。肘部具有坚硬有力的优势，正是这种无声的威胁使他人为自己让路，而又不至于招来别人的抗议。

另外，双手叉腰也是一种准备进攻的姿势。在古代，人们的腰部会时常佩戴利剑，在准备攻击时就会将手放在腰间，这样可以随时拔出利剑与对方进行搏斗。在现代社会，虽然人们腰部不再佩戴利剑，但是双手叉腰的姿势仍然能够给人造成一种威慑力。正是因为这种姿势具有威慑性，所以常常给人带来不好的印象，被人认为是轻蔑、鄙视的行为。

在第二次世界大战结束时，道格拉斯·麦克阿瑟将军在接受日本投降后，与日本天皇站在一起拍了一张照片。日本天皇站在那里，并谨慎地将双手放在两旁，而身材魁梧的麦克阿瑟将军却将双手放在腰部，给人一种盛气凌人的气势。相比之下，本来就不具有身高优势的日本天皇，此时就像一个刚被教训完的孩子一样站在麦克阿瑟将军旁边。在日本，双手叉腰是一种极为不恭的动作，麦克阿瑟将军的这种行为无疑会让当时的日本天皇感受到严重的侮辱，但无奈是战败国，日本天皇也只有忍受的份了。

人们除了用双手叉腰的姿势、表示轻蔑、权威之外，在遇到困难时也会采用这个动作，所表达的意思是：虽然自己遇到了挫折、失败，但是不希望得到他人的同情，更不会因此而屈服。这种姿势在运动场上经常可以看到。在第 49 届世乒赛场上，当王楠以 1∶3 败给对方时，就做出双手叉腰的姿势，同时还噘起了嘴巴。可能她除了表示自己不需要被安慰之外，还表达了自己永不言败的信念。

另外，从双手叉腰的姿势也可以判断出人们之间的关系，特别是在聚会等社交场合。当你站在人群中时，如果周围都是一些陌生人，或者你平时讨厌的人，你可能就会做出这种双手叉腰的姿势，目的是为了与对方保持一定距离。如果此时有朋友来到了你身边，你可能就会不自觉地放下叉在腰部的一只手，而另一只手或许还是保持原来的姿势。所以从叉腰的姿势上，也可以推断出人们之间的关系。

手部小动作，透露真心态

1. 手揉眼睛，是为遮挡不自然的眼神

成年人经过社会的洗礼，变得圆滑世故，不会把什么事都写在脸上。当他们看到不愿意见到的事情时，通常会用手揉眼睛。

除了想逃避自己不想看到的事物，当成年人撒谎时，他们也会下意识地用手揉眼睛。心理学家研究表明，撒谎的人通常不敢直视对方的眼睛，所以正在说谎的人会用揉眼睛的动作来掩饰自己的心虚。假如这个谎话比较严重，那么人们在揉眼睛的时候还会把视线看向其他地方，这是最典型的"欺骗表情"。当一个人说谎时，他最害怕的就是对方会看穿他，揭露他，因此不敢直视对方，这是心虚和焦虑的表现。

比如我们常常看的刑侦片中，办案人员审问嫌疑人，嫌疑人在回答问题时最爱做的动作就是揉眼睛，同时低头看向另一个方向，这是因为他们在撒谎，企图以这种方式负隅顽抗。

当然，任何事情都不能以偏概全，我们不能因为一个人说话时揉眼睛就断定他在说谎。当一个人眼睛进沙子不舒服时，他也会用手揉眼睛。因此，仔细观察很重要。比如说，看对方的眼神有没有飘忽不定，表情是否不自然。千万不要犯教条主义的错误，冤枉好人，这样很容易产生误会，破坏人际关系。

总的来说，任何通过微表情来解读人心的方法都不是完全绝对

的，应该根据实际情况来具体分析，不能盲目相信理论而疏于实践。揉眼睛到底是"心虚"还是"眼痛"，还要先观察，再判断，最后做决定。

2. 手遮嘴巴，害怕真话不小心脱口而出

国忠是一名警察，有一天，他和太太在逛超市的时候，突然听到店员大喊有小偷，店员负责的货架少了好多商品。可是这家超市刚开张，还没来得及安装监控，没办法查阅录像。于是，国忠让保安控制住出口，然后让顾客一个一个从自己身边走过，并且对每个人进行询问。

当所有人都经过后，国忠走到一个矮矮瘦瘦的年轻人面前说："小偷就是你！"保安把这名男子制服，扭送到派出所。经过审讯，他果然就是小偷，并且还是惯偷，这个片区大部分超市都遭受过他的"毒手"。

当大家问国忠是怎么如此肯定该男子就是小偷时，他说："其他人从我身边走过时，都非常放松，回答问题的时候也很自然，嘴部动作也很正常。唯独他总会假装咳嗽一声，然后用手捂住自己的嘴，当我问他话时，他又把手放下，这就很不正常。正是他刻意的行为让他露出了马脚。"

可见，用手遮嘴这一动作，为人们的判断提供了很重要的依据。难道用手遮嘴仅仅表示说了谎话吗？未必如此。有的人遮住嘴巴是为了不让自己把真心话说出来。

比方说，在公司茶水间里，两个员工正有说有笑，上司突然进来，问他们："你们说什么呢？这么开心。"此时，其中一人说："没什么，随便聊聊。"并且同时用手装作擦嘴的样子在嘴巴前面抹了一下。

实际上，这个员工想要掩饰什么。他们可能在说某个领导的坏话，但是因为有所顾虑，不敢当着上司的面说出来，于是就拿"随便聊聊"当作借口搪塞过去，所以他用手遮住嘴巴，也许还会伴随着瘪瘪嘴的动作。其实，这种动作反映了一个人复杂的内心情绪。

用手遮住嘴巴这动作，在男性和女性身上的表现也是完全不一样的。男性一般会用手握拳压在嘴上，而女性通常直接用手盖住嘴巴。也就是说，会假装很不经意地捂住嘴巴，就像用食指挡在嘴前做"嘘"的手势一样，都是不让人说话，以免祸从口出。

3. 手摸鼻子，一直试图掩饰某件事

古人相信鼻子和大脑是联通的，认为鼻子在信息传达过程中起着举足轻重的作用。科学研究发现，当一个人撒谎时，神经末梢也会受到刺激。所以说，说假话的人非常喜欢摸自己的鼻子，这样做是为了缓解自己心里的不安。

有一次，一个学生在下课后找教授讨论书本上的知识点，当教授问他对一本古代文学著作有什么见解时，学生摸摸鼻子，说他非常喜欢看这本书。教授说："其实你对这本书的内容一点兴趣都没有。"他被教授的一语中的给吓住了，但还是不明白自己是

怎么被教授看穿的，于是承认自己只是随手翻了几下，并且说："这本书读起来太晦涩了，有的句子很难理解。"这只能怪他班门弄斧，在行家面前摸鼻子。

心理学家经过研究发现，当人们说谎时，人体中的一种叫作茶氨酚的化学物质就会释放，从而让鼻子部位的细胞膨胀，让鼻子感到稍微不适。心理学家通过科学仪器检测发现，人们在撒谎时，血压也会升高。这项实验表明，人在撒谎时，鼻子会因为血液流量的加大而变大，心理学家把这种奇特的生理反应命名为"匹诺曹效应"。血压上升导致鼻子发胀，让人感到鼻子部位痒痒的，所以才会用手去触摸鼻子，缓解痒的感觉。

当然，有的人做这个动作的速度很快，以迅雷不及掩耳之势就做完了，让人根本察觉不到。尤其是女性，做这个动作的幅度更小，也许是为了不让自己精致的妆容受到破坏。

在现实生活中，我们一定要注意观察对方说话时鼻子上的小动作，假如对方的谎言是"善意的谎言"或者无伤大雅，我们不妨一笑置之，凡事不要太较真。但是，假如对方是在原则性问题上撒了谎，我们一定要严肃对待。

摸鼻子是我们生活中最常见不过的动作了，但是，判断一个人是否在撒谎，还要结合其他信息进行分析。有时候摸鼻子，说不定只是因为花粉过敏、鼻炎或者感冒。同时，当一个人处在十分焦虑紧张的情绪下时，鼻子部位也会充血，导致他出现摸鼻子的动作。

　　所以说，摸鼻子只是判断一个人是否说谎的辅助条件，并不是确定性条件。借助这一方法判断时要注意，单纯的鼻子痒而摸鼻子只是一个单一的动作，没有特殊的含义，不过，当摸鼻子和说话内容之间产生某种联系的时候，我们就要注意了。

第五章
品头论足，腿与脚最容易泄露大脑真实的想法

心灵通透的人在与人交流时，会去察看别人的表情，注意对方的手在做什么，但除非我们刻意去想，否则完全不会关注他的脚在干什么。而事实上，脚部秘语在很大程度上表露了谈话对象的看法、情绪和心理状态。

腿和脚的暗语，非常真实

英国心理学家莫里斯的一项研究表明，人体中离大脑越远的部位反映的信息越真实。而离大脑最远的部位莫过于脚了，所以说，腿脚比手和脸反映的信息要可靠的多。腿和脚不仅能反映出一个人的性格特征，还会泄露人们心中的小秘密。特别是在社交活动中，我们要善于发现一些细节，从对方的腿脚动作中看到对方真实的内心世界。

首先，通过腿脚活动能判断一个人的性格。

小姚是一家外企的人事专员，这天他和同事一起去高校做校招。当天校招的场面十分火爆，吸引了很多大学生来参加。这时，一位男生朝展位走了过来，小姚见这位男生的步子迈得十分小，两腿摆不开的样子，便对同事说："这个男生性格肯定很内向。"只见这位男生小心翼翼地把简历放在桌子上，小声做了个自我介绍，就没了下文。小姚对这位男生展开提问，男生的回答也是言简意赅，还不敢看小姚和同事的眼睛。男生离开后，同事对小姚说："还真被你说中了！"

为什么小姚的判断如此准确呢？这是因为和其他肢体语言一样，腿脚的习惯动作也有自己包含的信息，我们称其为"脚语"。我们也能通过"脚语"来分析一个人的性格。通常来说，走路步伐比较豪迈，手臂摆动有力的人，通常心情愉快，这类人的性格也比较开朗、友好；反之，那些走路步伐比较小，动作比较慢的人，性格通常比较自卑，做事常常优柔寡断；走路步伐很小的人通常心思缜密，很精明。

但是也有人的的腿脚动作很难和外表一致，这是为什么呢？因为你把注意力放在面部表情和其他肢体动作上，忽略了"脚语"。比如说，一个外表看起来很温柔，说话轻声细语的女生，走起路来却风风火火，而且脚步紊乱，从她的"脚语"就能看出来，这是一个性格开朗的女孩子，和她的外表大相径庭。一个看上去虎背熊腰的汉子，走路却非常小心，那么他一定是一个很稳重、很精明的人，这和他的外表也很不相符。

所以说，想要准确地把握某人的性格，我们可以多多观察他的"脚语"。虽然腿脚动作因人而异，但是每个人的脚语都有自己独特的含义。日常生活中，当你看到一个人走路的姿态是不是就能大概判断出他的性格？这就是"脚语"传递的信息。

其次，腿脚动作泄露内心秘密。

人的性格不一样，走路的动作也不一样。在我们周围，有的人走路健步如飞，有的人却步履蹒跚。走路的节奏不同，也反映出每个人不一样的情绪。

我们的脚步也许会随着一些外部环境的变化而变化，但是每个人都有自己的固定"脚语"。比方说，当人们的双脚叠在一起时，表示此人现在处于防御状态，安全感极低。现实生活中，如果一个人对某个人有好感，那么他的脚就会不自觉地偏向那个人，而且身体前倾。反之，假如身体坐得笔直，两脚交叉，说明此人对对方的信任度并不高。

只只要你观察得够仔细，人们的心理活动也会从腿脚动作中显露出来，人们在站立状态时，双脚往往会朝向自己想去的方向。

假如三位男士在酒吧喝酒，表面上他们都十分开心地分享自己最近的生活，大谈特谈。谁也没有理会站在隔壁桌的女生，但是三位男士的脚却暴露了他们的真实想法。他们的脚会不自觉地同时朝向那位美丽的女生。也就是说，三位男士都被女生吸引了。之前的谈笑风生都是假象，其实他们的关注点都在隔壁桌的女生身上，只是诚实的"脚语"出卖了他们，将他们心里的秘密"公之于众"了。可见，对一个人的"脚语"进行解读，的确可以准确地把握对方真实的内心活动。

在日常社交中，假如某人一坐下来就跷起二郎腿，说明此人性格随意，而且有对抗精神。假如做这个动作的是一名女性，则说明她对自己非常有自信，通常，这类女性的欲望很强，性格较强势。

微动作并不是捕风捉影。实际上，在日常社交中，对"脚语"进行观察和分析，了解身边人的性格和心理活动，有助于提高我们的社交能力，建立和谐的人际关系圈。

总的来说，一个善于察言观色的人，不仅对人的表情变化、微动作了如指掌，还会根据一个人腿脚动作的微小细节一眼看穿对方，这样也有利于让自己在人际交往中一直处于主动地位。

他的脚尖，出卖了他的内心

在对肢体行为语言的研究中，人们往往会注重对肢体行为的观察，而忽略了对肢体末梢的注意。但一个人肢体末梢的变化更能准确地透露出他的心理。比如，当一个人从背后和他人打招呼时，如果对方并没有转动脚的方向，只是略微转了一下身回应了一下，说明这个人并没有停下来继续交谈的意思。也就是说，当一个人的内心打算接纳对方时，他一定会做出与其心意相符的肢体行为。而在这方面，脚部的变化是最为突出和明显的。

这天，莉莉约了她的客户陈女士到咖啡厅谈事情。刚开始两人聊得非常投缘，但是，当莉莉问到陈女士家里最近怎么样时，虽然陈女士依然面带微笑，但是细心的莉莉还是注意到陈女士的脚尖微微向外倾斜了一下。虽然陈女士出于礼貌回答了她的问题，但是莉莉没有继续这个话题。后来莉莉才知道，原来陈女士最近在和丈夫办离婚，怪不得提到家庭就如临大敌。好在当时莉莉注意到了陈女士的脚尖动作，要不然这个客户就丢了。

一个人脚部所做出的动作往往更能准确地反映出他的心理意图。例如，两个人正在聊天，聊得好像还很投缘，但假如一个人突然或是逐渐地将他的双脚从面对对方的这一侧移开了，就说明这个人对谈话内容发生了某种心理上的变化，或是不想再继续听下去了，或者是对方在谈话中无意说错了什么引起了他的不满。如果仔细观察就会发现，这时想离开的那个人的一只脚会向一侧略微移动一下，而其脚尖也会指向他所要离开的方向。这就是一种明显的心理变化，而做出这种脚部动作，说明一个人在心理上产生了逃跑的意图。可以说，了解了这些心理上的微妙变化，在职场或是生意、社交场合中，往往能够避免出现一些尴尬的局面。

有一种脚尖行为值得注意，那就是一只脚出现了背离重心的现象，比如，翘起脚尖表明一个人的心情是处于兴奋或是感到舒适的状态中。这种现象在生活或工作中可以说比比皆是。例如，一个人站在那里打电话时，如果他听到的是让他感到开心和高兴的事情，他就会将一只脚的脚跟着地而脚尖向上翘。也就是说，这种翘起脚尖的行为就是一种心情愉悦的表达。

还有一种不同意义的背离重心的表现，那就是逃跑行为的准备动作。这种行为如果发生在站立时，其表现可能会明显一些。因为当一个人在预备起跑的时候，通常都要跷起站在后面的那只脚的脚跟，脚尖点地，将重心全部转移到站在前面的那只脚上，与此相伴而生的，还有上身的略微前倾。在与人交往时，一旦发现对方做出了这种预备逃跑的姿势，就说明他另外有事情要去办，或是对对方的谈话失去了兴致，正打算寻找机会逃离当时的所处之地。

这种准备逃跑的行为发生时，如果这个人是坐着的，一般就会不够明显。一个人如果坐着发生这种行为，往往会伴有一些其他的干扰性动作，比如双手几乎会同时放到两个膝盖上或是大腿上，再比如对话的双方之间隔着一张办公桌，这样就会造成一种视觉忽略。这种情况多数发生在求职现场，比如招聘人员在听完求职者的陈述后并没有直接表示出行或者不行时，求职者为了让招聘人员对自己的情况有更多、更详细的了解，依然在那里喋喋不休地讲述着。此时，招聘人员往往会做出这种准备逃跑的行为，而如果求职者还未观察到这种情况，招聘人员可能就会站起来。另外，这种情况也通常会发生在办公室。

2014 年，某公司发生一起盗窃案，被盗窃的是公司准备投标的标书。老板周飞在了解情况后，对公司里的 24 个人进行了一一排查，最终把目标锁定在投资部的熊军身上，但苦于没有证据，也不能确定是他偷的。于是，周飞把熊军叫到自己的办公室，决定与他沟通一下，看是否能从中查出蛛丝马迹。

在周飞的办公室里，周飞先是对熊军这两年对公司的贡献给予了肯定。接下来，周飞话锋一转，向熊飞询问标书的事。当听到周飞肯定自己的时候，熊军刚开始表现得特别得意，脸上挂着笑容。当周飞突然问到标书的时候，熊军腿就会略微发抖，并且两只手会不自觉地紧紧握住膝盖，同时一只脚还下意识地挪到了后面，脚尖点地，跷起了后脚跟。

显然，这正是一种标准的准备逃离的表现。为了让自己的推断进一步得到佐证，周飞开始引诱，说如果熊军说出实情，他将既往不咎，如果被他查出来的话，他将报案严惩。这时，熊军终于无法控制自己，扑通一声瘫软在地，随后将事情的经过如实交待了出来——由于父亲做手术缺钱，公司的竞争对手找到他说，只要他偷出标书，就给他20万。

你瞧，仅仅通过脚尖的变化，不是警察的周飞自己也能破案。如果在人际交往中，我们能多观察对方脚尖的动作，通过脚尖的动作去读懂对方的内心，那将带给我们不一样的收获。

总之，如果人们能够细心观察，及时通过对方出现的这种脚尖背离重心的准备逃跑的行为，掌握住对方在这一刻发生的心理突变，就可以避免很多误会和不愉快的事情发生，处理好一些特殊情况。

脚踝相扣，说明他在努力克制

俗话说：忍一时风平浪静，退一步海阔天空。从小我们就听大人说，遇事要学会忍耐。在感到沮丧、愤怒、失望的时候，我们也常常用这句话来安慰自己。忍耐，不仅仅是忍受委屈，还要学会克制愤怒。

刘强是一个民警，有一天，他在自己管辖的片区巡逻时，发现一个很可疑的男性。当时，刘强把巡逻车停在某小区门口，发现在小区门口的早点摊位上坐着一个男人，他面前的碗已经空了，但是他还不走，两腿交叉，两只脚踝紧紧地叠在一起，双手抱怀，眼睛直勾勾地盯着小区门口。

刘强的直觉告诉自己，这个男人很可疑，于是他从后面慢慢靠近这个男人，发现他的袖口里藏着一把匕首，刘强立马向派出所报告，通知同事支援，把可疑人员制服了。

后来，可疑人员交代，小区里住着自己的前老板。自己在公司多年，吃苦耐劳，后来自己的职位却被老板的侄子顶替了，不仅如此，老板还随便找了个理由开除了自己，于是他气不打一处来，决定给老板一个教训。

周强通过自己敏锐的观察力，看到可疑人员脚部动作十分不自然，于是采取了行动，阻止了一起血案的发生。

如果你在与对方交往时，发现对方两只脚交叉，脚踝叠在一起，说明对方此时正在努力克制自己的情绪。这是一种生理反应，当一个人感到情绪十分压抑时，他会不自觉地把双脚叠在一起。有的人开玩笑说，这种姿势就好像是一个人憋不住了想上厕所，但又不能去。

警察办案时，通常会让犯罪嫌疑人坐在自己的对面，然后展开审问。因为，一个人坐着时，上半身受到束缚，下半身相对自由，因此腿脚部分的动作会非常丰富，也就更容易泄露自己的真实情绪。比方说，当一个人非常紧张、恐惧时，两手会紧紧抓住椅子扶手，脚踝紧紧地扣在一起。

最善于解读肢体语言的职业之一，莫过于空姐。有的乘客性格十分内向，他们需要服务时又不好意思开口，这就需要空姐们敏锐的观察。有的乘客在座位上很不自在，两腿不断地分开又合上，脚踝交织在一起，说明这位乘客此时非常紧张。当空姐推着小车经过他们身边，而此人的动作并没有什么变化时，就说明他可能需要帮助。

除此之外，正在接受牙医检查的病人，还有坐在椅子上等待理发的顾客，都会出现这样的动作，同时两手要么就抓住扶手，要么就紧紧交叉在一起。通过这一动作，我们就能判断他们处于一种很不愉快的情绪当中，正在努力控制着自己。

也许你会说，有的人会采取这种姿势也许是因为他们觉得舒服，不一定就是紧张、愤怒吧。实际上，他们不过是在用舒适当作借口，掩饰自己的不安罢了。当你午休时，发现自己的双脚踝叠加在一起，请放开它们，这样心情是不是就放松多了？

一般情况下，人们在遇到一些工作阻碍或者生活难题时，会不知不觉把两脚踝叠在一起。但事情解决后，脚部动作就放松多了。

双腿交叠，象征着拒绝陌生人靠近

在我们日常的社交中，一定看到过对方做这样的动作：他们在站着或者坐着的时候，通常会把两腿交叉，采取一条腿叠在另一条腿上的动作。假如你够细心的话，你会发现，当他们摆出这种姿势的时候，通常表示他们对其他人有防备，保持着一定的距离，或者关系不是很亲近。

作为大龄女青年的小萍不得不应付家里人为她安排的相亲，可是相了这么多次，没有一个她满意的。这一天小萍又被赶鸭子上架来相亲了。当小萍看到这次相亲的男生时，她惊呆了，男生非常英俊潇洒，小萍一见钟情，决定把他拿下。

男生看到小萍在自己对面坐下，便两腿交叠在一起，局促不安。小萍看到男生的动作，心里有数，但是不露声色。男生很内向，小萍开始主动找话题。细心的小萍发现，男生不断交换自己的双腿，来回交叠，显然是对自己的话题不感兴趣。于是她换了个话题，和男生开始聊电影，聊着聊着，男生的话也变得多了，小萍发现，男生的腿也渐渐放松了。小萍知道机会来了，对男生说："我知道最近上映了一部电影很好看，不如等下一起去看？"男生欣然答应了。后来，他们真的在一起了。

如果在一些社交场合中看到有人做这样的动作，则意味着他们与在场的人并不熟悉，并且内心隐隐有些局促不安。除此之外，采取两腿交叠姿势的人也是在告诉周围的人："不要靠近我。"
并且，这个动作也是一个让人非常舒适的动作。如果双方在交谈
的过程中，一坐下来就摆出这样的姿势，说明两人关系很不错。
假如一个人独自在一个非常陌生的环境里做出这样的动作，说明
他此时很焦虑，很紧张，坐立不安。其实，这只是人们的心理作
用在捣鬼罢了。

在现实生活中，你一定有这样的经历吧：当你独自走进一家书
店或者咖啡厅时，或者一个人乘飞机、乘火车出游时，如果周围
都是人数比较多的座位，你一定会选择一个靠窗的位置坐下来，
两腿交叠，装成自己正在查看手机信息或者欣赏窗外的风景的样
子。其实，此时你心里很不安，但是如果你不这样做，又不知道
该做些什么来掩饰自己一个人的尴尬。这个姿势，也是人们在自
己不熟悉的环境中，面对陌生人时，做出的一种"防备"动作。

其实，在一些陌生的公共场合，我们会下意识地做出两腿交叠
的动作。这是因为在一些相对轻松的环境里，比如咖啡厅、书店、
餐厅等，人们不需要站着，所以没有人会注意自己腿部的动作。
然而，当你不得不和陌生人面对面或者靠得很近时，你会产生一
种不安感。因此，在这种心理活动下，你的身体会变得僵硬，就
算是平常经常做的动作也会稍显不协调。

这其中也包括双腿交叠的姿势。在这样的情形下，人们会选择
一种稍微礼貌又内敛的动作，比方说两腿并拢，双手在胸前交叉，

或者托住下巴等，直到陌生人离开。

男性两腿岔开，是为了表现自己的男子气概，而两腿交叠，是为了让自己显得更威武。比方说，两位男士在正面交锋时，一方其实已经处于下风，那么他可能做出两腿交叠的姿势壮大自己的声势。警察在审讯犯人时也是一样，当嫌疑人面对办案人员时，两腿岔开，一副"我什么没见过"的样子，当办案人员拿出证据时，迫于压力，他们可能会改为双腿交叠的姿势，保护自己不被攻击。

在大部分情况下，这种两腿交叠的姿势似乎是女性的专利，而且在那种内向、羞涩、胆小的女性身上尤为常见。因此，这种姿势也显示出此人极度缺乏安全感。

除此之外，这种姿势也深受女性朋友的喜爱。通常，当女性做出这样的姿势时，常常会显得自己很健康，很有活力，因此，此类女性的异性缘比较好。在一些礼仪课堂上，礼仪老师会教给学员们这样的坐姿。另外，人们保持两腿交叠的坐姿，还能让自己保持重心平衡。而女性保持这样的姿势，则是为了展示自己优美的腿部线条。因此，在社交场合中，从一名女性的腿部语言中就能判断出她对谁比较中意。当有她感兴趣的异性在场时，她会把两腿交叠，脚尖指向那位异性的方向，虽然有时候她们自己都不知道，以为自己掩饰得很好，但其实腿部动作早已出卖了她们。

坐姿，可以窥出他人的真实心思

坐姿通常是指人们在坐着的时候的一种姿态。在生活中，坐姿是最能显露出一个人的个性的。从人们坐的方式、坐的姿态以及坐的距离中，都可以窥探出他人的真实情感和心理活动。

不同年龄、不同身份的人，在不同场合中的坐姿是不同的，可谓是千奇百怪、无奇不有。就是这一个小小的肢体动作，在无意间透露出的语言却可以让我们快速了解到他人的心理秘密。一般来讲，我们可以从三个方面来大致观察一个人的坐姿：一是坐下时与他人保持的距离；二是与他人所面对的方向；三是坐姿的形态。

坐也是讲究距离的，既不能太近也不能太远。如果双方关系一般，距离太远，谈话不容易听清，会显得对对方不够尊重；太近的话也会让人产生不舒适感。尺度把握不好，就很容易对他人构成一种侵犯，让人没有安全感。反过来，如果是亲密的情侣关系的话，那肯定会选择近距离的接触来增进彼此感情的交流。

如果是素不相识的两个人，即使是在同一屋檐下，头脑中也会下意识地保持一定的距离感。因为如果靠得太近，太热情，反而会引起他人的反感，增加别人的心理负担。

除了坐姿的距离外，人们坐立的姿势，也是可以呈现出心理状态的。如果一个人只坐了椅子三分之一的面积，那么他一定是比较紧张的。这种浅坐姿势的人随时做好了洗耳恭听的准备，并时刻保持着清醒的头脑。而如果一个人姿势散漫并跷着二郎腿，那此时的他肯定是处于放松状态下的。

另外，我们从一个人的不同坐姿，也能判断出对方的多种心理特征。喜欢跷二郎腿的人，都是谨慎小心之人，不轻易服输，会据理力争。所以敢大大方方跷二郎腿的人，也是充满自信之人，同时自尊心也强，对自身情况会有一定的优越感存在，渴望得到异性的关注与爱慕。

还有坐在房间客厅背向内角的人，他们渴望权力，欲望较强，相对而言，和背向入口坐在门口处的人相比，他们会更具有心理上的优渥感。

在现代社会各行各业的面试中，大多流行的是一种直面的面试交流法，也就是面试官与应试者在同一房间内，同一桌面，近距离、面对面交流。而这种直面的交流，往往会令应试者内心忐忑不安，情绪紧张。但这种方法却给了面试官从对方的坐姿与不安的情绪中，去快速了解应试者心理状态与真实想法的机会。

很多人坐在椅子上时，会习惯性地双脚叠加或者双手扶住椅子的扶手。这种人是比较强势且不喜欢认输的类型。

在与领导或者客户交谈时，如果两脚叠加，往往会被人认为是傲慢无礼，会给别人留下一种不好的印象。

有的女性与异性交流时，胳膊肘会不停地交叠放下，反复如此则是表达一种对异性的关心。另外将脚稍稍叠交起来一点的人，是为了隐藏自己内心的恐慌与不安的情绪。

另外，还可以从坐的位置去了解他人。

如果是参加大型会议或者晚会的话，排座也是有讲究的。比如领导跟前的红人，或者喜欢拍领导马屁的人，就会想尽办法坐在领导的旁边或是距离领导近的地方，以此来拉拢关系；而平时经常挨批评或者讨厌阿谀奉承之人，便会坐在不起眼的角落或者选择离领导较远的位置。而不同的距离也恰恰表明了人们的内心活动。

喜欢坐在他人正面的人，是为了能更好地与对方交流互动，让对方能快速地认识了解自己，这种场景多见于生意场面。所以请客吃饭时，人们就会把主宾的位置礼让给对方。

但也有一小部分人落座时喜欢坐在靠门的位置。这种人以权力为中心，同时警惕心高，遇事谨慎，考虑周全，以不变应万变。

在日常生活中，就连乘车选座这样的小事情，我们也是可以观察到他人的心理活动与特征的。不管是什么车，一般靠窗的位置都是会有人抢着去坐的，这是因为靠近窗户的位置既可以欣赏风景，又可以与他人保持一定的距离；其次，靠近车厢尾部的位置也是人们比较偏爱的；最后则是逐渐填充空位，直到车厢满员。选择最后这种择位方式的人，基本是属于心态平和、随波逐流的人，他们虽缺乏生活的激情与创造力，却也懂得尊重他人，为自己保留一份充裕的空间。

假设车厢内到处都是人挤人的话，那么势必会引发一些矛盾甚至不愉快。这种不愉快的感觉不仅仅是因为行动上失去自由而引起，更是因为自身空间受到侵犯而间接产生的。受到这种影响，人们就会把视线转移到其它目标物体上去，进而意识薄弱，心理上没有任何感情依托，却依旧能够泰然处之。

这也是生活中大多数人选择的一种择位的方式。简单来说也就是谨小慎微的人都会选择一种看似能保护自身空间充裕的位置来坐。

综上所述，我们可以从中得出一个结论：不管一个人坐的姿态、方向、距离如何，只要你善于观察，都能从细微处去发掘、窥视他人的一些性格与心理上的真实想法，这会有助于你更好地开展人际关系。

走姿，正是人性的自然流露

像独一无二的指纹一样，每个人都有自己独特的走路姿势，这是人们养成的一种习惯，也在一定程度上反映了各自的性格。如果想要了解一个人的性格特征，也可以从他的走路姿势中作出推断。走路的姿势，正是人性的自然流露。

比如，当一个人突然听到亲人受伤的消息时，他的走路姿势会马上发生变化，脚步速度会加快。一般情况下，坏消息能让一个人夺门而出，不顾一切地奔向家人身边；也能让人步履沉重，仿佛整个世界的重量都压在他身上一样。一个人走路姿势的变化是极其重要的非语言行为。走路姿势的改变就意味着有事情发生。我们要做的，是找出这个人走路姿势突然改变的原因，这有助于我们更好地应对对方接下来的动作。

贵××是一家房地产公司的销售员。一天，一位客户打电话说要来看房子，两人约定下午3点见面。为了显示礼貌，贵××很早就在大厅门口等待客户的到来。快到3点的时候，一个高高瘦瘦的中年男子向他走来。贵××仔细观察他的走路姿势，发现他走路健步如飞、昂首挺胸，因此判断他是一个自信心强、性子比较急的人。而且，贵××还认为，他做事一定不喜欢拖泥带水，是个行动主义者。两人相互介绍之后，这位客户说明来意——他想买一套新房子，并说了自己的要求。贵××根据他的要求介绍了几套适合他的户型，这位客户很快就选好了一套，并要求去看房。

在交流中，贵××发现这名客户虽然办事雷厉风行，但是有些草率，很多细节的东西都还没说清楚，就急着要看房子。贵××认为自己有义务告诉他一些细节，因此在带客户去看房子的路上，仔细地向客户介绍了一些细节，让他不至于在以后的居住中因出现问题而不知所措。而这位客户在听完贵××详细的介绍之后，顿时对贵××心生好感，并很快就决定从他手中买走一套房子。

贵××通过观察客户走路的姿势，判断出对方的性格特征，并针对其性格采取相应的销售话术，最终为自己赢得了订单。事实上，每个人走路都会有自己的独特之处，或许你平时不会注意到这些特征，但这些特点确实存在，并真切地反映了一个人的性格特征。在我们洞察他人性格的过程中，观察一个人的走路姿势是一个不容忽略的环节。一般来说，常见的走路姿势有以下几种，下面列出了这些姿势可能代表的相应性格：

1. 昂首阔步型

这类走路姿势给人的感受是坚定有力、成竹在胸。从心理学分析，这种人一般自信心强、控制欲强、反应迅速、做事有条不紊，并且有较强的组织能力。因此，这类人在事业上很容易取得成功。其缺点是有时过于自信，看不起别人，让自己在集体中被孤立，人际关系不是很好。

与这类人相处时，我们应该以同样的自信去面对他们。尽量让自己语言明确，做好完全的准备，能够游刃有余地回答他们提出的问题，这样才更容易赢得这类人的信赖。

2. 走路缓慢型

走路缓慢的人，一般不喜欢东张西望，他们的头通常略微向下俯，做事比较小心谨慎。这是一种内向、害羞的表现，但是常常会给别人一种防备的感觉。其实，这类人非常希望能与人交流，属于外冷内热型。所以，在面对这样的人时，只要你够真诚，多给他们一些理解，他们就会被感动。他们的内心是热情的，很希望与别人进行交流。

3. 步履匆匆型

步履匆匆的人是典型的行动派，办事果断，一切讲究效率，通常都处于精力充沛的状态中。在与这类人打交道的时候，最好能跟上他们的步调，不要拖拖拉拉，否则你很容易被他们厌烦。不过，如果你能做到细心，这类人也会乐意与你合作。

4. 横冲直撞型

有些人走路时不留心周围的环境，只是自顾自地横冲直撞。这种人在处事方法上通常非常生硬，因此容易得罪人。不过，由于这类人为人坦率、耿直，所以也让人觉得较容易接近。

与这类人交流时，一定不要自作聪明。在这种直率的人面前，只要你有一丁点的虚伪，就会让他们反感，最终将无法取得他们的信任。

5. 喜欢踱方步型

方步是古代朝廷官员常用的走路姿态。经常这样走路的人，在面对事情时往往比较庄重和严肃。他们做事认真负责，不会因为自己的冲动而做出对双方都不利的决定。这类人最重要的心理特征就是务实与精明。与这类人打交道时，也要以同样认真的态度应对，尽量不要与他们开玩笑，避免因为自己的不严肃而让对方反感。

站立的姿势，反映人的性格特征

站有站相，坐有坐相，从一个人的站姿也能看得出一个人的性格特征。有的人站如松，头摆正，背挺直，两个脚掌之间的距离也恰到好处。这类人通常很自信，做事雷厉风行，执行力非常强，同时他们也很有正义感，很受大家的欢迎。

和这类人相反，有的人站着的时候弯腰驼背，两手无力地下垂，这类人通常缺乏自信，做事情优柔寡断，不敢承担责任。他们通常文化程度不高，也许还是一些偷鸡摸狗的人。不过也有特殊情况，有的人天生体弱，离不开药罐子，他们就是想挺起腰杆，也是心有余而力不足。

李艺伟是一位创业者，他和几个朋友一起开了一家科技公司，做了几个 App，小有成绩。他们决定找一些投资，可是现在资本市场这么挑剔，对他们这家刚起步的公司来说，找投资是非常困难的。在朋友的帮助下，有一位投资者有向他们投资的想法。

第一次和投资者见面时，李艺伟丝毫没有怯场的意思。他从待客室的沙发上站起来，整理好自己的西装，挺直腰背，两腿笔直，向对方浅鞠一躬，伸出自己的手与对方握手。在会议室做陈述的时候，李艺伟同样站得十分挺拔，陈述做得非常完美、流畅，给投资者留下了深刻的印象。

三天后，李艺伟和伙伴们接到了对方决定投资的电话。这位投资者对李艺伟说："以前也有很多投资者希望我给他们提供帮助，但是他们见到我时总是畏畏缩缩，站都站不直，两条腿无所适从。但是你从头到尾都站得很挺拔，说明你是一个对自己充满自信，对事业充满责任心的人，所以我选择相信你们。"

可见，站姿透露性格是很有道理的。那么，不同站姿的含义是什么呢？主要有以下几点：

1. 交叉双腿的姿势

交叉双腿的姿势，是最常见的站姿之一。在一些男性与女性共同出席的场合中，如果你稍加留意就会发现，很多人在站立时都会保持一种双腿交叉的姿势。如果你仔细地观察就会发现，通常这些交叉双腿的人与他人的距离都比较远。如果你再做进一步的了解，你就会发现，这些保持双腿交叉站姿的人通常是互不熟识的。

相反，如果你在一个场合看到几乎所有站着的人都是双腿张开，外套敞开，身体重心落在一只脚上，另一只脚则指向交谈对象，你会发现这些人的表情通常比较轻松惬意，他们都能随意地出入他人的个人空间。如果你上前了解一下就会知道，这些人都是相互熟识的老朋友。这一现象表明，在与陌生人交流时，人们都习惯保持双腿交叉的姿势，而面对熟人的时候都会双腿自然站立。

双腿张开表示一种坦然相对的态度，也显示了一种优越感。交叉双腿体现了一个人封闭消极的态度，或者是一种自卑与防御性的表现。如果一个女性做出双腿交叉的站姿时，则表示她并不想离开这个场合但又想与他人保持距离，不想任何人来打扰自己。如果一个男性做出双腿交叉的姿势，则更加显示了他不想离开的想法。大多数时候，男性通常都是张开自己的双腿，以表示自己的男性气概，而交叉双腿则表示他不想自己的男性气概被他人影响，因此，当他发现自己面对的男性比自己的地位高时，就会习惯性地将自己的双腿交叉，以免自己显得过于张扬而被对方攻击；相反，当他所面对的是比自己弱势的人时，就会将双腿展开，以显示自己的优越感。

2. 立正的姿势

立正的姿势在生活中最常见，不管是男性还是女性都会经常做出这样的姿势。这种姿势比较正式，表明了一种中立的态度，尤

147

其是在人们首次见面时，通常都会采用这样的站姿。双腿并拢的站立姿势能够给人一种礼貌、温文尔雅的印象。另外，当学生遇见老师，晚辈拜见长辈，或者下级见上司等，一般地位低的人见地位高的人时，往往都会采用这样的姿态以示尊重。

3. 双腿张开的姿势

双腿张开的姿势，通常是男性会做出的姿势，女性很少采用这样的站姿，因为这种站姿有展现自己男子气概的意味。一般当男性做出这样的姿势时，就好像在说："我是这里的老大，必须听我的！"这表示他很有信心来支配自己的行为。很多时候，比赛场上的男选手们在开场时都会做出这样的站姿，以此来显示自己强大的实力。

4. 一只脚向前迈开的站姿

一只脚向前迈开的站姿，在很多场合中都可以看到，这种姿势最能够反映一个人的心理活动，因为一只脚所指向的方向反映了人们心里最想要去的地方或者感兴趣的人和事。比如，当一群人在交谈时，其中一个人将自己的一只脚尖指向了另一个人，则说明他对这个人很感兴趣。当两个人在交谈时，如果其中一个人在不知不觉中将自己那只伸出去的脚的脚尖朝向身体的左侧或者右侧，则表示其不想再交谈下去，打算要离开了。

叉开双腿，说明他摆出了对立或抵抗的姿态

当一个人在你面前突然叉开双腿的时候，就说明他同时也向你摆出了一副对立或抵抗的姿态。这是因为很多哺乳类动物在感觉到烦躁、压力或威胁时，都会本能地生出一种抵触情绪，以此来捍卫自己的领地，而人也是如此。尤其是那些军人和执法者，在战胜对方的欲望的驱动下，他们常常会在有意或无意间将双腿分得尽量宽些，以此来彰显他们是不容侵犯的。

当双方陷入到一种僵持的状态之中时，他们往往会不自觉地将两条腿叉开，这样做的目的并非是让自己能够站得更加稳固一些，而是因为他们感受到了某种不安、威胁、恐慌。对于那些富有经验的销售人员或商务谈判人员来讲，这其实是其在向对方表达出一种更为强烈的信号，或者是在向对方传达"你的麻烦即将来临"的信息。

如果你发现一个人的腿并在一起后突然又叉开了，就说明这个人忽然变得有些不高兴了。对于那些经验老道的商务谈判高手来说，对方突然出现的这种细微的肢体行为动作变化，说明他内心情绪变化的临界点出现了，如果能够及时捕捉并利用好这次难得的机会，也许将会成为整个谈判最为关键的一环。

熊武军在公司投资规划部工作已经有近十年的时间了，经过长久的训练和实践，他能够从人的不同的肢体变化中读出很多重要

的信息。据熊武军回忆说，有一次他和一名同事去和一位企业高层管理者进行商务谈判，这位管理者在整个谈判过程中都表现得十分冷静，当熊武军问到他对双方合作还有什么顾虑时，他坐在那里闭口不言，谈判陷入僵局。

为了尽快达成合作，以防竞争对手先一步拿到与对方的合作协议，熊武军拿出公司制作的合作意向 PPT，一页一页地展示给对方看。当熊武军将这些 PPT 图片一一展示在那名管理者面前时，这名管理者脸上的表情略有舒展。当 PPT 播放到合作之后将会给对方企业带来什么改变时，这名管理者轻描淡写地瞟了一眼图片上的"前景展示"，同时两条原本随意垂在地上的腿突然下意识地朝两边分开了一些。

然而他的这一细微变化却没能逃脱熊武军那锐利的眼睛——他微微叉开的双腿所表现出的那种抗拒和抵触情绪，在那一刻完全暴露在了熊武军面前。虽然管理者最终也没有说出对合作的顾虑，但他突然微微叉开的双腿却在无形之中将自己出卖了。根据这一信息，熊武军在接下来的谈判中将重点放在合作之后的"前景展示"，并坦诚地告知管理者，如果双方进行战略合作，将会是互联网行业的一次"盛宴"。

令人感到不可思议的是，这名管理者在听完熊武军对前景的具体描述后，同意了双方的战略合作意向。他后来对熊武军说："我没有说任何一句话，你是怎么像无所不知的天神一样，知道我对合作后的前景感到担忧？这一点令我百思不得其解。"

事实上，就是管理者的腿部动作出卖了他，而细心的熊武军捕捉到了他在听到"前景展示"时瞬间出现的分腿动作，并据此读懂了他对此所做出的一种心理上的保护，从而在这场交锋中取得了突破性的胜利。

不用对熊武军的"识人"的本领感到羡慕，你只需要先改变自己，细心观察，不断反省和变通自己的思维、态度和方法。日积月累，总有一天这些琐碎的努力会像涓涓细流汇聚为势不可挡的汹涌波涛，而且有的时候，成功的到来比你想像得要早。

第六章
闻声识人，言辞语气是内心多变态势的显示器

生活中的细节总会不遗余力地透露人们的内心世界，人们说话的方式同样也不例外。即使有时候人们说出的话经过了刻意的修饰和伪装，我们依然可以通过其说话的语速、语调、措辞等，挖掘出对方的内心情绪和心理状态，进一步掌握交际时的主动权。

说话的特点，展露了人物的性情

在长期的生活中，我们会形成一些自己的语言特点，这些特点的形成取决于我们成长的环境和性格。可以这样说，我们的说话特点透露着我们的性情，而说话方式的差异，也是每个人心理特征差异的表现之一。俗话说"江山易改，本性难移"，行为习惯形成的过程本来就很复杂，想要改变并非易事。即使我们极力掩饰自己，真实的性格特点也会在不经意间流露出来。所以说，在社交中，我们可以通过对方的语言特点"看穿"对方。

首先，语速是人们最容易形成的语言习惯。每个人讲话的语速千差万别。在正常情况下，如果外部环境比较轻松，人们的语速通常也很自然、平稳。并且，通过一个人说话的语速也可以大致了解一个人的性格特点。一般来说，为人细致，城府颇深的人，语速通常较慢；而那些反应敏捷，思维比较跳跃的人，语速通常较快。

其次，讲话语调的高低也是判断对方性格的一条有利依据。每个人的声线都有差异，通常，讲话语调偏高的人，一般性格外向、豪迈，还带有一些固执的特点；讲话语调偏低的人，一般为人谨慎，性格比较内向，甚至软弱。

除了语速和语调，人们说话的节奏也是值得参考的部分。有的人在和对方交流的过程中，讲话很有节奏感，这类人一般情感丰富，容易感情用事，是个感性的人；而有的人在交流时，节奏都没什么变化，如机器人一般，这类人通常比较理性。

语言习惯不仅仅局限于这些讲话特点，还包括称呼方式和说话方式。

我们先来了解一下称呼方式。一个人如何使用称呼，也能反映彼此之间的心理距离。简单来说，就是从两个人对对方的称呼中，可以看出两者之间的关系远近。比方说，有的人习惯用"先生"或者"女士"来称呼对方，这代表两人还不熟，还存在隔阂。

对于我们中国人来说，在社交中，通过称呼就能判断两个人的关系如何。然而，在一些欧美国家，比如说美国，在私下直呼其名，是一种再正常不过的称呼方式。不过，假如一对恋人之间还直呼其名的话，就说明他们的关系还没有想象中那么如胶似漆，因为大部分亲密爱人会用"亲爱的""宝贝"或者两人专用的昵称来称呼对方。

在某些公共场合，比如酒店前台、餐厅、宴会上，人们通常用"先生"和"女士"称呼对方，这在初次见面，互相还不热络的时候，是很恰当的。假如你和对方认识了很久，还记不住对方的姓名，依然用先生女士相称，则说明你们都不想和对方有过多的交集。所以说，我们可以通过和对方交往的时间长短和对彼此的称呼，来判断对方是否想和自己做朋友。

除了"先生"和"女士"，有的人还喜欢用"这位"或"那位"进行称呼。常用这种方式称呼别人的人，性格都较为内向，不善社交。比方说，当一个人在介绍自己的家人时，不用"我的太太""我的丈夫"来介绍，而是用"孩子的父亲""孩子的母亲"等称呼代替，说明这个人的家庭观念很重，在他的心里，家庭是排在第一位的。而那些以"我的××"为称呼介绍家人的人，从表面上看，二人的关系很亲密，其实在亲密的背后，是一种占有欲的表现。

不仅是相互称呼，在社交中，也常常有些人把"我"挂在嘴边。这类人通常比较自大，以自我为中心，不会认真关心别人的近况，很少在乎他人的感受。除此之外，这类人还很喜欢打断其他人的讲话，而他们并不觉得这是一种不尊重的表现。这类人也是很不受欢迎的一类人，原因就是这类人的表现欲望太强烈，总觉得自己是全场的焦点，世界的中心，所以在别人眼中显得有点自大。

因此，我们在交谈的过程中，可以通过称呼方式来确定二人关系以及亲密程度。掌握了这一点，我们就能在社交中通过改变称呼的方式，拉近与对方的距离，扩大自己的社交圈，充实自己的人脉资源。所以说，当你想靠近一个人时，不妨把对对方的称呼改一下。比如，你经常称呼一位同事的全名"周璐"，当你想和她拉近关系时，不妨称呼她为"璐璐"或者"璐姐"，彼此之间的距离，一下就缩小了。在社交中，通过称呼方式，可以缩短与别人的距离，同时你也可以知道对方是否愿意与你继续交往。

分析完称呼方式，我们再来了解一下说话方式。在我们身边，如果某人想让你认可他的观点，就会使用"必须""一定"等字眼来强调，这类人通常比较理智、冷静。和这类人截然相反的是那些对自己不自信，自我保护欲比较强的人，他们通常喜欢使用"好像""也许吧""大概"这样模棱两可的字眼。后者做事比较认真、细致，但是社交能力较弱，所以人际关系并不是很好。

在日常工作中，还有这样一类人，他们喜欢用"第三人称"来叙述一件事情，比如"我昨天听说……""据说……"，等等，这表示他们不想让自己讲的内容被质疑，也不想承担任何后续责任。实际上，这就是一种不负责任的说话方式，这类员工一般不会得到重用。通常喜欢用"第三人称"叙事的人，都是一些很圆滑的人，他们喜欢为自己留后路。当这些"听说"没有实现时，他们会说"我就知道是假的，我当初也不信。"当这些"听说"成真时，他们会说"你看你看，我就说是真的吧，我什么时候骗过你？"

通过对本节的阅读，你是否已经对语言习惯和性格之间的联系有些了解了呢？然而在现实生活中，我们很少对他人进行如此细致的分析，因此对语言习惯所代表的性格特征，我们无法准确判断，掌握人际关系也就无从说起了。因此，假如你想打破人与人之间的隔阂，先从分析语言习惯入手，是一条不错的捷径。

说话的语气，是情绪的外延

其实，在现实生活中，我们都有过这样的体会：当你和别人打电话的时候，虽然你们并没有面对面地接触，但是从说话的语气中，你能够清楚地知道对方的心情。可以说，当人们想要表达某种感情的时候，通过改变说话语气增强语言的情感内容，就能达到自己所期望的表达效果。

人们的语气是情绪的外延。如果一个人对另一个人非常不满，那么他必定是充满敌意的，语气会显得很重；当一个人对另一个人进行语言攻击的时候，语气会显得格外激愤。而在家庭中，如果一向木讷的丈夫回家后，突然对妻子滔滔不绝，那么说明丈夫可能做了对不起妻子的事情。因为，人们在心理紧张的时候，往往会尽量让自己的语气变得温柔、快速一些，以此来蒙蔽对方。这种做法是为了缓和内心的忐忑不安，然而，其说话内容却几乎空洞无物。同样的道理，平时语气平和的人，突然之间变得慷慨激昂，或突然说了一些与他本人平常表现不相符的话语，说明他一定有什么希望别人知道的事情。

一天，许金凤接到一位朋友的电话，这位朋友平常话不多，总是给人一种温吞吞的感觉，说话轻声细语。可是，许金凤发现，今天这位朋友却说得慷慨激昂，让人感觉他整个人都热血沸腾起来了。

等这位朋友说完之后，许金凤试探性地问了一句："嗨，你今天有点儿奇怪，说话和以前不大一样。"这位朋友卖了个关子，说："哪里不一样？"

许金凤说："感觉你今天好像遇到了什么喜事，有什么好消息要和我分享吗？"

这位朋友当即笑了起来，然后说："是啊，我升职了！"

尽管许金凤看不到电话那端朋友的表情，但从他说话的语气中，可以猜到对方必定是非常高兴的。由此可见，从别人的语气中，完全可以了解对方的心情。

在现实生活中，诸如此类的对话十分常见，如果你能听懂别人语气中的情感，那么就能更好地掌握人际关系的技巧，从而在人际交往中游刃有余。比如，当领导用一种高昂洪亮郑重的语气对你说话时，说明他将给你安排一件重要的工作；当领导语气毫无起伏，甚至还有些平静时，也许等待你的就是一纸辞退书。

在现实生活中，有的人行动和言辞都非常积极，这是因为他们比较容易接受新事物，遇到新颖的言辞就会尝试去使用。并且，这种人的性格通常比较豪爽，总是一副跃跃欲试的样子。相反，那些言辞谨慎，说话总是小心翼翼的人，往往比较缺乏主见。尤其是那些说话底气不足的人，做起事来优柔寡断，不能独立面对困难，遇到问题时也无法独立解决，常常在问题上绕圈子，左右徘徊，这也是性格软弱的表现。如果这种人懂得把不安定的心沉淀下来，并认真分析问题的主要原因，不仅能锻炼其处理问题的能力，还能增强自身的意志。

　　每个人身边总有一些说话语气抑扬顿挫的人，这种人给人的印象很深，容易让人记住。然而，如果这语气只是出自于他们的习惯，你就无法深入地看清隐藏在语气中的内在情感；而如果采用这种语气并非出自习惯，则是为了吸引别人注意。一般来讲，人们在充满自信的时候，往往会用抑扬顿挫的语气说话。通常，这种语气比较有节奏感，而如果是没有自信、心怀不轨的人，虽然语气抑扬顿挫，但还是可以发现他的言辞毫无节奏可言。总之，只要你足够敏锐，有一定的辨别能力，就能从别人的语气中解读其内心情感。

　　无论是在生活上还是在职场上，说话和听别人说话都是一种技能。练就这项技能，能让你走得更远。

说话结巴、吞吞吐吐，他隐瞒了一些信息

　　在生活中，我们可能会遇到一些说话结巴、吞吞吐吐的人，如果这不是由于生理原因造成的，那你就要格外小心了，因为对方说话结巴、吞吞吐吐，说明对方可能向你隐瞒了一些信息，在对

你撒谎。对此，有经验的警察也表示，在审问过程中，一些犯罪嫌疑人在编造谎言或隐瞒事实真相时总会露出一些破绽，比如，说话结结巴巴、眼神闪躲、不断地强调等，这些破绽很难逃过警察的法眼。

对此，心理学家是这样解释的：当人在撒谎时，由于怕对方拆穿自己的谎言，所以会非常紧张，导致心跳加速，这样说话就会结巴、吞吞吐吐。

比如，公司招聘人员在面试时，往往会问应聘者一个问题："你以前工作的月收入是多少？"有些应聘者在听到这个问题时，为了获得更高的收入，就会撒谎说："我……以前的工作月薪为10000元。"当招聘人员听到应聘者这样回答问题时，可以看看他的简历，如果他的简历显示他只是刚毕业没几年，在以前的公司也只是做文职工作的话，那么就很容易得出应聘者在说谎的结论。结果可想而知，这个人很有可能会与这份工作无缘。

朱文婷就是用这招识破学生的谎言的。朱文婷是一名小学老师。一天，一位名叫周雨轩的学生走进她的办公室，并偷偷地跟她打小报告："老师，昨天晚上放学后，我看到班里的王一寒同学去游戏厅了。"因为朱文婷一而再，再而三地严禁学生们走进这种场所，所以她听到这个消息后十分生气。

由于朱文婷不知道周雨轩所说的消息是否真实，所以她决定把王一寒叫到办公室来，与其谈心。当王一寒来到朱文婷的办公室后，她心平气和地问他："王一寒同学，昨天晚上放学后你去哪里了？"

王一寒听到老师的问话后，一下子惊慌起来，他吞吞吐吐地说："老师，我……昨天晚上放学后哪里也没去，我……直接回家了。"

朱文婷看到王一寒的表现后，顿时明白了王一寒在说谎。但是，她并没有生气，而是心平气和地对王一寒说道："王一寒同学，说谎可不是好孩子哦。我再给你一次机会，告诉老师，昨天晚上放学后你到底去哪里了？"

王一寒听到老师温柔的话语，终于鼓起勇气对老师说："老师，对不起，我撒谎了。昨天晚上放学后，我和表哥一起去了游戏厅。对不起，老师，我以后再也不会去了。"

其实，朱文婷之所以知道王一寒是在说谎，主要是因为他在回答老师的问题时吞吞吐吐、结结巴巴。但朱文婷得知其说谎后没有勃然大怒，而是打消王一寒同学的恐惧，引导他说出了事情的真相。

当然，如何引导小朋友说出事情的真相并不是本文讨论的重点，但我们从中可以看出，这种结结巴巴、吞吞吐吐的行为背后隐藏了一种信息——这个人正在说谎，在隐瞒一些信息。

语速音调，都是随着心境而变化

人类作为一种高级动物，拥有自己独特的语言。这种语言是一种交流及表达内心情感的工具。人们说话时通常带着不同的心理状态，而说话的语气和语速也都会相应不同。语速和语气也会反映人的心理变化。在不同的环境下，会表现出不同的语速。

比如，当演讲者发表激情洋溢的演讲，受到台下观众热情追捧时，他就会语气高昂、快速地演讲，借以抒发自己激动的心情。而如果是一篇陈词滥调的演讲，且台下的观众情绪平平，那么整个演讲就会在一种平和的语气和缓慢的语速中完成。

在日常生活或工作中，每个人都有属于自己的说话方式和语速。有的人天生是急性子，不喜欢拖沓，所以说话也就非常激昂、快速；有的人却是天生的慢性子，做什么事总是慢吞吞的，说话时也非常缓慢平稳，基本不会有太大的起伏。事实上，大多数人都介于这两种状态之间，说话语气和速度中等，但当人们的情绪发生变化的时候，这种状态就会被打破，因此，人们也就能够从别人的语气和语速中分析出他的心理状态。其实，中等语速是人们长期以来形成的说话习惯。一般而言，说话语气平稳、速度较慢的人，为人比较憨厚老实，性格比较木讷；而说话快速的人，则比较精明，性格比较热情、张扬。

青青和阿华交往了两年，已经到了谈婚论嫁的地步，可是一件事的发生让他们反目成仇。

青青出差半个月，留阿华一个人在家，虽然两人每天都有视频通话，可还是不解青青对阿华的思念。没想到工作进行得很顺利，青青可以提前回家，她想给阿华一个惊喜，就没有告诉阿华。

当青青开门进屋时，阿华大吃一惊，可是很快恢复了平静。阿华非常激动，声音洪亮地对青青说："亲爱的，你怎么突然回来了？我好想你啊！"青青本来很开心，可是看到阿华反常的反应，一脸狐疑地看着他问："你怎么了？是不是不舒服？"阿华还是非常激动，大声说："没有啊，我是看到你很高兴。"

青青看阿华今天非常反常，觉得事情不简单。她迅速朝卧室冲去，一进门却发现自己的闺蜜小冉裹着浴巾慌忙地换衣服。青青明白了一切，二话不说，转身夺门而去。

在人际交往中，人们可以根据一个人的说话语气和语速快慢，来判断这个人的心理状态。如果一个人平常说话时滔滔不绝、口若悬河，却在某些时刻或面对某人的时候，变得吞吞吐吐、支支吾吾，甚至说话的语气与平时相比很反常，那么就说明此时这个人非常心虚，底气不足，显然是隐瞒了什么事情。当然，也有例外，比如异性之间的爱恋。当一个男人喜欢上一个女人的时候，他或许在别人面前伶牙俐齿，但在面对这个女人时，他就会变得语不成调、词不达意，说话时一点儿都没有在别人面前的流畅感。

我们大都在影片中看过这样的情景：一个人和恶势力做斗争，

这个人平素说话语速并不快，但在面对那些恶人的时候，就会用超出他平常的语速，进行大声的指责和反驳。如果有的人在面对别人的指责时无法反驳，或反驳的底气不足，则说明别人的指责可能正中事实。在现实辩论中，人们可以看到，每个辩论者都会让自己流利的语速达到最快。这主要是为了让自己在言辞上略胜一筹，不仅可以打压对手，还能够增加自己的信心；而对方如果在面对这样的快速攻击时闪烁其词，一副嘴巴笨拙的样子，那么就说明他的语速威力产生了效果，使对方在心理上产生了怯意。通常，在辩论会上出现这样的情况，会对辩者的能力和水平的发挥造成一定的阻碍，从而让他输掉这场辩论。

此外，当一个平时说话很快的人突然放慢语速，并不支支吾吾，这说明他想强调语言内容，或想让人记住他所说的话。可见，语速的微妙变化，确实能反映一个人的心理状态。所以，如果你留意了别人的语速变化，也就等于留意了别人的心理变化。那么，交谈时不同的语速音调都隐藏了哪些心理活动呢？通常，人们常见的音调有以下几种：

1. 说话声音比较大

在人际交往中，有些人说话声音比较大，这是性格爽朗的一种表现。他们一般不说假话，也就是所谓的"直性子"，但这种直来直去的人，也常常在无意之间得罪他人。这种人即使意识到自己的话得罪了别人，也不会因此而改变自己最初的态度。和这样的人结交，无异于得到了一个良友。另外，这种人为人光明磊落，从不做鸡鸣狗盗之事。如果这种人成为上位者，那么他们的才能可能会发挥到极致，并获得卓越的成就；而如果他们处于下位，则可能成为上位者的得力助手。

2. 说话声音比较小

说话声音小，是一种缺乏自信的表现。这种人大多富有心计，与人斤斤计较，甚至只是因为一些微不足道的小事，都可能与人发生争执。因此，在与这种人交往时，尽量不要同对方开玩笑，否则对方可能会与你翻脸。此外，这类人做事往往不择手段，并且口风很紧，如果你想从他们的口中探听消息，那会是非常难的一件事。而且，他们为人处事比较势利，这也是他们少有知心朋友的原因之一。

3. 谈话中突然降低音量

通常，人们在受到外界因素的影响时，心情的起伏总是很大。当人们受到打击时，心理承受能力就会变得很差，精神也会变得脆弱，这是一种缺乏自信心的表现。因此，在这种情绪低落的时刻，人们谈论到某个话题时就会突然降低声音。他们认为自己无法办到，所以就会用改变音量的方式来掩饰自己的自卑。

另外，在一些特殊的情况下，人们也会突然降低音量。比如，交头接耳和传递秘密的时候，人们就会通过这种降低声音的方式，达到只有两个人听到的效果。

4.谈话中突然抬高声音

人们在心情愉悦时，会突然抬高声音。比如，当一个女人收到男友的鲜花时，会突然大声地说："啊，太美了！亲爱的，你真浪漫。"此外，人们想要吸引他人的注意时，也会突然抬高声音。比如，当人们在对一个问题展开讨论时，有人会通过突然抬高声音来吸引别人的注意。总之，依具体情况而定，突然抬高声音，代表着不同的心理状态。

古语说"心气之征，则声变是也。"人的语速和音调是随着内心的变化而变化的，只要我们结合谈话时的具体情况仔细揣摩，认真分辨，就一定会发现其中的秘密。

闲谈之中，就能明了对方心理态势

曾经有一项小调查显示，我们每天说的话连一个电脑硬盘都装不下。我们每天要说这么多话，可想而知，在这些话里面包含着多少重要的信息，它们会透露我们的内心。我们可以通过一个人说话的内容判断他的心理活动，在尽量轻松愉快的对话的过程中，最大限度地破解语言的秘密。

二战时期的日本首相是东条英机，但是这件事是日本政府秘密决定的，除了几位参加了会议的机要官员外，没有人知道。媒体记者想方设法打听消息，却一无所获。这个时候，有一位记者想出了一个办法。他对每个官员的语言行为进行了研究，虽然官员们不会直接说出谁是首相，但是假如在问题上做点"陷阱"，也许能从官员们的回答中获得一些资讯。

于是，这位记者向一位参加会议的官员提了一个问题：这次出任首相的人是不是没有头发？因为当时首相的候选人有三位——一个没有头发，一个满头银发，一个头发很稀疏。这个头发稀疏的人就是东条英机。当时聊天的气氛很轻松，于是这位官员的警惕性也就没有那么高了。虽然这位官员没有直接回答记者，但是聪明的记者还是从这位官员的思考中推测出了最后的答案。大臣到底在思考什么呢？他一直在思考头发稀疏到底是属于没头发还是有头发。

看来，聊天也是一门大学问。在和对方聊天时巧妙地在问题中设下"陷阱"，就能从对方的回答和思考中获得自己想要的信息。

另外，从聊天的内容上来说，我们只要仔细倾听，也能从说话者的情绪中识别对方的真实性格。有这样一群人，他们常常造谣生事，散布一些子虚乌有的事情，唯恐天下不乱。其实他们的最终目的只是为了吸引大众的目光，满足一下自己渴望被关注的虚荣心。这并不能说明他们就是心肠恶毒的人，当他们的这种虚荣心得到满足后，事情也就烟消云散了。

有一类人非常喜欢关注一些跟自己完全无关的人和事，比如明星的八卦私生活等，这说明他们内心有一种渴望支配他人的欲望。正是由于他们长时间沉迷于此，因此他们没有时间交朋友，人际关系比较单薄。他们的内心很孤单，对生活缺乏热情。一个人对那些跟自己毫无关系的人和事过于关注，并且十分火热地去讨论，大多是因为内心十分空虚，需要这些来填补。

还有一些人，他们在聊天时从来不说自己的事情，或者谈论与自己有关系的人。他们的话题中心点常常围绕着别人的琐事，甚至对别人的一举一动都观察得甚是仔细，生怕自己错过什么重大新闻。这完全是侵犯他人隐私的行为。这种人是绝对不能来往的。

有不关注自己的，就有过分关注自己的。有的人在聊天时，不管话题是什么，最后都会转到自己身上，好汉老提当年勇。这类人总是在大家面前提起自己曾经的光荣事迹，希望在大家面前刷一下存在感，获得大家的关注，可往往事与愿违。其实，我们认真对这类人进行分析就会发现，他们对目前的生活非常不满，虽然他们并没有直接抱怨生活，但是他们内心深处真实的感觉就是这样的，只是他们用了相反的方式表达出来。

实际上，这一类人如果不知道通过怀念"当年勇"来使自己变得很高大，以后他们将很难适应时代的变化，因为时代只会向前发展，而他们永远在缅怀过去。或许他们就是个彻头彻尾的失败者，但是也可以看出他们确实陷入了某种不理想的境遇，也许是婚姻进入冷战，也许是事业遭受滑铁卢，甚至是更严重的事情。所以他们想逃离现实，通过回忆过去的光辉往事来安抚自己的心情。目前的情况是糟糕的，但是他们仍然用非常享受的表情回忆。从他们的言语中，我们会发现其实他们心里对自己目前的情况是非常不满意的。

我们或许没有高超的读心术，但是想知道一个人心里在想什么并不难，对方心里的真实想法往往会通过他的聊天内容表达出来。在派对上，大家正聊得火热时，突然有个人插进来，会让人觉得十分厌恶。有的人在和别人聊天时，聊天内容天南海北，没有中心，也让人十分苦恼。这两类人的支配欲望都很强，通常他们希望对方按照自己的思维走，因此他们比较我行我素，以自我为中心，希望所有人都要听他的。

通常情况下，政府官员和领导们讲起话来都刹不住车，其实通过这种现象，我们可以看出他们十分注重手中的权力，不希望被别人夺走。也可以说，他是一个十分强势，好胜心过重，经不起失败的人。

综上所述，只要我们细心观察，在聊天的过程中仔细分析对方的说话内容，就能从中得到不少信息，得知对方的"真心"，这对我们的社交是非常有好处的。

打招呼的方式中，蕴含着人物心性

在日常社交中，打招呼是一种很平常的表达友好的方式，是人类最简单、最常见的一种礼节。实际上，打招呼的方式也能透露出一个人的真实性格。每个人打招呼的方式都不一样，从不同的打招呼的方式也能反映出不同人的性格特点。

刘勇是一家企业的中层管理人员，为人很严肃，见到员工打招呼时也只是轻微点点头，因此，员工们都对他敬而远之。新员工小吴通过刘主管多次对自己打招呼的方式，结合自己所学的心理学知识，推断刘主管是一个心思缜密、做事认真的领导，要想得到他的青睐，自己还得多下点功夫。于是小吴对刘主管安排下来的工作不敢掉以轻心，总是打起十二分的精神对待。功夫不负有心人，通过半年的观察，小吴终于获得了刘主管的认可，并且由刘主管向公司推荐，预备提拔小吴为部门副主管。

员工小吴通过对领导打招呼方式的观察，推断出领导的性格，并且"对症下药"，通过自己的努力，获得了领导的认可，同时也实现了自己的目标，可见通过打招呼的方式判断一个人的性格，是非常有效的。具体来说，我们要注意以下几点：

1. 边注视边点头打招呼的人，往往戒备心很强

一边看着对方的眼睛，一边点头打招呼，并且面无表情的人，通常对其他人的戒备心都很强，而且很有支配欲，就像案例中的

刘主管一样。这些人打招呼时看似只是看着你，实际上他们是在观察你，推测你的心理活动。

2. 打招呼方式千篇一律的人，往往表里不一

有的人可能你跟他聚过无数次餐，一起工作过很久，但是他跟你打招呼的方式并没有什么变化，这类人是在掩饰真实的自己，常常表里不一。

比方说，你送对方礼物的时候，通常会听到"谢谢，你真是太有心了"这样的话，对方下次再见你就会比之前友好很多，这是人之常情，没什么好琢磨的。但是，有的人在收到礼物之后，下次见你，还是跟往常一样，只是点头微笑说声"早"，可在人少时，又会对你说："你送的礼物我很喜欢，你真是太客气了。"在生活中对这样的人一定要多加警惕。

3. 打招呼时，彼此之间的距离也能反映信息

在对方和你打招呼时，假如你仔细观察对方和你保持的距离，也能看出对方此时的心理活动。比如，当对方向你打招呼的时候退后两步，他认为这是一种礼貌和尊重的表现，但是你心里会想：他是不是对我有意见？难道我哪里得罪他了？显然，这样的误解反而对人际关系不好。像这样故意拉开两人距离的打招呼方式，是一种警戒、防备、谦虚、忌惮的表现。

4. 第一次见面时打招呼的方式就很随意，是想占据主动社交

地位

假如和对方第一次见面，对方打招呼的方式就十分随意，好像认识了很久似的，这样的方式常常让人感到很讶异。有的人觉得这类人很轻浮，实际上他们的内心世界很孤独，很渴望和大家多交流。在聚会上，有的人虽然是第一次见面，但是坐在你身旁，和你表现得非常熟络，实际上他是为了让自己占据主动的社交地位。因此，当你遇到这种"自来熟"的人，一定要小心对待，不要让对方有机可乘。

5. 喜欢说令对方高兴的话语的人

这类人通常性格很外向，活泼、开朗、大方，适应能力和反应能力都比较强，面对突发事件时，他们能冷静解决。他们待人处事不卑不亢，社交能力非常强。假如是女性的话，在社交中往往会比较受欢迎，喜欢参加各类活动，体验不同的生活，对生活充满希望和好奇，是一个乐观主义者。但是他们的缺点就是太爱幻想，不切实际，容易感情用事。

心理学家斯坦利·弗拉杰表示，打招呼的方式可用来判断人的性格特点，他人的习惯招呼用语，也能反映某些性格特征。有一点我们要注意，这里说的招呼用语，是在双方初次见面时用到的招呼用语。斯坦利博士总结了以下几点：

1. 常常以"你怎么样"开场的人

这类人通常性格比较张扬，喜欢出风头，会利用各种机会吸引大家注意；他们对自己充满自信，也可能是自负，又常常觉得不知所措。他们在做事情之前喜欢三思而后行，反复考量，不敢轻举妄动。一旦接受一项工作，他们就会全力以赴，认真完成。

2. 常常以"你好"开场的人

这类人的头脑往往非常冷静，泰山压顶而面不改色，但是，他们的性格也很保守，在处理事情时墨守成规，不知道变通。他们的工作能力很强，很有责任心，做事情精益求精、追求完美，很理智。他们不喜欢一惊一乍，也不喜欢捕风捉影，他们为人老实、正直，很受周围人的欢迎以及领导的认可。

3. 常常以"喂"开场的人

这人通常性格外向，见谁都是笑脸相迎的样子，让人备感亲切，总觉得相见恨晚。他们的精力非常充沛，希望得到大家的关注，所以总是上蹿下跳；他们直白坦率，心里怎么想，嘴上就怎么说，从来不掩饰自己；他们思维敏捷，反应快，很有创新意识，常常把生活过得有滋有味的；他们也很有幽默感，是朋友中的开心果，让大家开心这件事让他感到非常荣幸；他们虚心接受别人的意见。因此，这类人人缘非常好。

一声寻常的招呼，却包含着不寻常的信息，这是很多人都忽略掉的。假如我们以后仔细观察对方打招呼的方式，留意对方打招呼的常用语，我们一定能更加深刻地认识对方，了解对方。

口头禅最能体现人的真实心理

在日常生活中，我们总会听到各式各样的口头禅，比如，有些人喜欢说"郁闷"，有些人喜欢说"有没有搞错"。这些口头禅充斥在我们的周围，有的听起来让人很舒服，而有些则让人反感。这些口头禅不仅仅是一句话，还是了解一个人的重要途径。

口头禅其实是人的内心对事物的一种态度，是外界信息在人的内心形成的一种最真实的语言，之后只要遇到类似的场景，这些话就会脱口而出。因此，这种真实的语言能很好地帮助我们更加深入地认识一个人。

口头禅形成的原因，主要是重大事件及类似事件的重复影响。可能先前出现了重大事件，对当事人产生了很大的影响，当事人便产生了一种特殊的情绪以及代表这种情绪的语句，在此之后类似事件多次发生，就会强化这种情绪，时间长了，次数多了，就形成了口头禅。比如，一个对爱情充满期望的年轻人陷入了热恋中，但是不久之后对方因为种种原因离他而去，也就是说，爱情欺骗了他，那么在失恋之后的很长时间里，他都会对爱情很反感、不屑，之后如果再次遇到关于爱情的事，他的口头禅也许就会是"爱情其实什么都不是"。

著名心理学家荣格曾经说过："积极的口头禅会督促人上进，而消极的口头禅会促使人走向失败。"这是因为，口头禅会对人产生一种心理暗示，而这种暗示的性质决定了口头禅对人的影响。

周峰在公司是一个很受欢迎的人。他为人热情，乐观向上，在公司总是左右逢源，几乎所有人都喜欢跟他聊天。这样乐观的周峰有一句人们都知道的口头禅，就是"还不错嘛"。周峰的这句口头禅不仅为他赢得了很多的朋友，还促进了工作的顺利展开。

有一天，同事张娜匆忙地来到办公室，签到之后气喘吁吁地坐在自己的座位上，边为自己扇风边抱怨出租车司机："没见过这样开车的司机，慢条斯理的，赶上了所有红灯，害得我一下车就跑着来公司。今天我比平时早五分钟出门，还差点迟到。"

这时候，周峰的口头禅又出来了，他说："还不错嘛，没迟到。那位司机为你算好了时间，不仅富余了两分钟，并且还让你锻炼了身体。现在工作那么忙，哪有时间锻炼身体啊。所以说，这位司机可是帮了你大忙啊。"张娜听了之后也笑了，她说："嗯，就当是跑步减肥了。"

周峰的这句口头禅一天要说上好多遍。遇到高兴的事时，这句话是锦上添花，遇到麻烦的事时，这句话又是一种宽慰与劝诫。因此，周峰在同事之间很受欢迎，一直都是同事们的开心果。

在职场中，要想做到像周峰一样有好人缘其实很难。而周峰之所以能这么成功，一部分原因就是得益于他比较乐观的口头禅。所以，不要小看生活中的口头禅。父母通过孩子的口头禅，能了解孩子的心理状况；领导通过下属的口头禅，能了解下属的心理状况。积极的口头禅能督促你走向成功；消极的口头禅则会让你越来越颓废，最终走向失败。那么，具体的口头禅究竟表达人的什么心理呢？下面列举了生活中人们常说的几句口头禅，我们一起来看一下。

1. 经常说"说真的""我不会骗你，请相信我"

反复强调此类词汇的人，常常担心别人不相信自己，内心极度缺乏自信。性格上比较急躁，不够冷静。

2. 经常说"可能""好像""大概是吧"

这种人对他人的防范心很强，不会轻易相信他人。也不会把自己内心真实的想法完全显露出来。他们为人处事比较冷静，给人的感觉很稳重，与他人能很好地相处。

3. 经常说""嗯嗯……""好啊……"

经常用这些词汇来回答别人问题的人，往往心思比较单纯，遇事不会太深入地思考，实际反应可能也会比他人略显迟钝一些。

4. 经常冒出个别英文单词

这种人往往自我感觉很优越，不懂装懂，瞧不起他人，喜欢拍领导马屁，也特别爱表现自己，虚荣心强，不太容易得到他人的喜欢。

5. 喜欢使用网络流行语

　　一般喜欢用网络中和社会上流行的词汇来交谈的人，大多都是缺乏主见与创造力的人，生活中容易跟风、攀比，性格也是比较浮夸与叛逆。

6. 使用一些地方方言

　　不管在什么场合都使用自己独特的地方方言的人，往往个性鲜明，性格也是大大咧咧。他们一般自信心很强，不会自卑。说话做事都是中气十足并且理直气壮。

7. 经常说""必须""就是""确实是"

　　使用这类语言的人，一般充满自信，为人冷静，思维理智。他们有着比较强烈的领导欲望，喜欢发号施令，但往往也因为说话太过于直接武断而不受人待见，因为没有谁会喜欢对方用命令的语气来跟自己说话。

8. 经常说"我个人觉得""是不是""能不能"

　　常用这类词汇的人，一般性格是比较和蔼可亲的，遇事也会站在对方的立场与角度上去考虑问题。他们为人处事谨小慎微，不会独断专行，更不会轻易得罪他人；同时思虑比较周全，能与身边的人和平共处，相安无事。

9. 经常说"我没想好""我不知道"

　　这种人往往思想不复杂，较单纯，但情绪容易受到外界的影响，不稳定，没有主见与领导才能，所以遇事不要依赖于这种人拿主意。

而他们往往也比较平凡，不会受到他人的重视与提拔。

10.经常说"我早就知道了""我早明白了"

在交谈中，这种人往往在最开始不会明确表达自己的想法，但当别人说出关键部分时，他们就会说"我早就知道了，我早明白了"，以此来表现自己的聪明。这类人很难在交谈中做一个合格的聆听对象，他们没有耐心，与他人与相处也不能完全交心。

如果你想更好地通过一个人的口头禅来了解对方的心理，那么在与人交谈时就要学着从细节方面去入手，去揣摩与发现他人经常使用的一些词汇，并认真分析研究，这样才会得到你想要的信息资源。

把"我"挂嘴边，内心需要存在感

与人交流时，我们常常会听到有人说"我……""我当初……""要不是我……"，这样的开头着实让人很扎心，但是在生活中这类人还不少见。

杨慧是一家外企的人力资源管理人员，有一天她在面试的时候，碰到这样一个情况：有三位面试者的条件都非常好，专业也符合要求，业务能力也很突出。杨慧难以取舍，决定再面试一次。

第二次面试时，她把三位面试者同时叫进了会议室，给了他们一个当下的热点话题，让他们针对这个话题聊聊天，讨论一下，发表一下自己的意见。刚开始讨论的气氛非常好，可是后来每当第三位面试者发言时，他总是喜欢把话题往自己身上引，还总说"我以前也遇到过这样的事情……""我当时……"

杨慧心里已经有了答案，她决定录用前两位面试者，因为通过第三位面试者的表达方式她能断定这个面试者总是以自我为中心，不会注重团队合作，而企业需要的正是有团队精神的人。

值得注意的是，不仅是年轻人喜欢这样说，年纪大的人也会出现这样的情况。为什么会这样呢？说白了，就是天生的，当我们小时候开始说话时，就会这样了。当成年人这样说话时，表示这类人喜欢以自我为中心，希望大家把注意力都放在自己的身上，所以他讲话的关键词才会以"我"为主。

可是，既然成年人的世界观、价值观是他们长大成熟以后慢慢形成的，为什么又说是"天生的"呢？这就要从我们的婴幼儿时期开始讲起了。孩子在哺乳期时，和母亲之间有一种无形牵引关系，孩子和母亲在一起的时候才会感到安心；到了断奶期时，这种感觉不复存在，孩子觉得自己的安全受到了威胁，会想办法把母亲"召唤"回来，恰好此时又是孩子的语言关键期，他们会呼唤"妈妈"，表示自己需要安全感。

除此之外，孩子们会用"我"这一类的表达方式来提高自己在母亲面前的存在感，想找回以前和母亲形影不离的安全感。处于这一时期的孩子，如果离开了母亲，会有很严重的分离焦虑，无法正常生活，可以说他们和母亲是密不可分的。孩子在成长的过程中，为了获得家长的关注，也会频繁使用"我"这个字眼。然而，在成年人的世界里，常用这个字眼的人，通常是想表现自己的成就，让自己在大家面前显得更重要一点。

　　也就是说，其实你面前的这个人在等你的表扬，只要你说一句"你真棒！""真是太精彩了！""原来是这样啊"，就可以满足对方的虚荣心。只要他被认可就能满足。

　　所以说，假如我们身边有这样的人，还要和这样的人保持良好的关系，就不能忽视他们，更不能显得不耐烦，假如你露出一点点不耐烦的表情，对他们来说比天塌下来还严重。

　　还有一种情况，就是有的人对自己很没有信心，没办法适应周围的环境，所以常常说"我"来加强自己的自信，以便快速融入到周围的环境中。这说明他们的内心还比较幼稚，当他们适应后，这样的情况就会变少了。

　　因此，经常把"我"放在嘴边的人，并不意味着他们就是目中无人，以自我为中心的人，只是目前还没有适应好环境罢了，我们应该多给他们提供帮助。

吵架的架势，展露一个人的本质

日常生活中，我们常常会围观一些吵架的情形。看双方那架势，恨不得把对方五马分尸，不仅吵架的内容十分丰富，就连肢体动作也变化不断。可是，我们围观听了半天，还是不知道两个人为什么吵架，似乎双方只想争个输赢而已。关于吵架的内容，倒没什么可分析的，但是双方吵架的状态，却能反映他们的本质。

老韩是个暴脾气，和春英结婚20多年了，三天一小吵，五天一大吵。说是两个人吵架，其实只有老韩一个人骂骂咧咧的，而春英完全一副无所谓的态度，懒得搭理他。

有一次，老韩喝多了，回家又和春英吵架，刚开始春英满不在乎，后来老韩吼道："结婚二十几年了，全家都在靠我一个人养，还有你那老不死的爹妈，成天都在花我的钱。"春英有些怒气，对老韩说："喝多了说话也得注意点。"老韩不罢休，继续吵："就是老不死的，我就说了，怎么着！"

春英的火气一下子就上来了，扇了老韩一巴掌。只见春英抄起手边的鸡毛掸子就往老韩身上抽，力气大得让老韩根本没法反抗，只能嗷嗷大叫。抽也抽够了，春英把鸡毛掸子一扔，指着伤痕累累的老韩说："以后说话注意点，下次再这样，往你身上抽的就不是鸡毛掸子了。"

二十多年没见过老婆发脾气的老韩也吓着了，这下他知道了，虽然春英平时吵架时不在乎，但是一旦发起脾气来，也不是好惹的，从此，老韩对春英也尊重了许多，不再像以前那样随随便便就吵架了。

每个人吵架的方式不一样，反映出来的性格特点也不一样，我们接下来就具体了解一下：

1. 让人同情

这种人城府很深，他喜欢有第三者介入这场争吵，而且善于在争吵中把责任和过失都推到对方身上，把自己塑造成一个受害者，博取大家的同情。这种人爱耍小聪明，喜欢算计他人，遇到这种人一定要敬而远之，避免和他起正面冲突。

2. 言辞攻击

吵架时喜欢用污言秽语对对方进行人身攻击的人，通常脾气暴躁，沉不住气。可能一开始，他们只是就事论事，但是慢慢会牵扯到对方的家人，甚至对对方的家人进行谩骂。

这类人在事业上想要有所成就，并且也有这个能力，有决心。这种性格如果放在事业上会很有帮助，但是放在感情上则没有好结果，因为这种人性格冲动，往往会口不择言，祸从口出。

3. 理智处理

这类人通常非常理性，讲道理，他们觉得吵架并不能解决问题，还会浪费时间，让问题变得越来越严重。他也有怒气，但是他在努力地克制自己，不论何时何地，都不会让自己处于情绪化的状态中。对方也会觉得和他吵架没什么意思，因为他的淡定会让人觉得还没开始就结束了，让人充满挫败感。他们通常个性也很强，善于以理服人。

4. 沉默对待

用沉默应对吵架的人，通常性格比较消极，不想和他人有口舌之争，就算这件事是对方做得不对，他也会选择默不作声。这种人很少主动招惹是非，他们觉得现在的状况就很好了。在人际关系方面，因为他的性格比较悲观，因此不会主动交朋友。他们在工作中只会埋头苦干，因为他们不会争取自己的利益，所以他们不仅得不到，失去的也很多。

5. 无所谓

这种人通常心态很好，把烦心事视为浮云，很少往心里去。他可以一直保持这种轻松自在的状态，他只做自己有把握完成的事情，对那些心有余而力不足的事情，他宁愿不做也不会做错。但是，他们不怒气冲天、破口大骂，不代表他们没脾气，一旦被惹火了，可能他们发起脾气来收都收不住，十分恐怖，有不怒则已，一怒惊人的效果。

6. 翻旧账

这类人通常来说非常小肚鸡肠，得理不饶人。明明说的是这件事，就事论事就行了，却把陈芝麻烂谷子的事情统统拿出来说一遍。他们的记性非常好，假如他们能把这项技能发挥在其他方面，一定能取得傲人的成绩。和这类人来往时，一定要注意不要被他们抓住把柄，不然万一日后起了冲突，他会把你所有的事情都抖搂出来。

7. 身体攻击

这类人的脾气非常暴躁，只要他觉得和对方沟通困难时，他就会非常生气，直接和对方起冲突，甚至还会动手。他们这样的脾气是天生的，只要受到一点刺激，他们的情绪就会失常。比方说，他们会踢自己的车轮胎，对路上的行人发脾气。他们喜欢推卸责任，明明是自己的错误，却怪罪他人。

8. 愤怒摔东西

这类人通常有很幼稚的心理，他们觉得这样就能让自己显得很威武，最后的胜利一定是自己的。如果他们感觉自己已经处于下风了，就会动手，摔几个盘子、推倒桌子，甚至用手去捶墙，这样他就会觉得好一些。他觉得这样的自己很英勇，能通过激烈的动作让对方折服，其实这只能显露出他们幼稚的本质。

虽然争吵是大家都不愿遇上的事情，但是有心人却能从吵架的过程中看清一个人的真面目。在情绪激动时，人们说出来的话、做出来的动作都是非意识的，也就是说你自己都不知道自己说了什么、做了什么，但恰恰是这些"胡话""错事"最能反映一个人的真实心理，这就是为什么人们在吵架时经常说"好啊，我今天算是看清了，你原来是这种人！"这样的话。

第七章
见微知著，每个习惯动作背后都有它的心理成因

━━━━◆❀◆❀◆━━━━

人类的感情与欲望，无论是有意或无意，均会以各种形式表现出来，这些表现于外的行动，在不知不觉中会变成一个人的习惯。习惯性动作是长年累月积累的结果，是心理定式的外在体现，也是我们窥视他人内心的一面镜子。

抽烟的模样，与性格特点有关

在与人见面时，想要了解对方的性格特点，还可以根据他抽烟的习惯性动作来观察判断。一些社交高手，往往会从对方捻灭烟头的动作来对其性格特征进行识别。

如果一个人将仍在冒烟的烟蒂随便扔进烟灰缸，则可能表明此人凡事以自我为中心，比较自私、懒散。这类人通常做事不够严谨，喜欢打马虎眼，会经常遗失东西，别人拜托他做的事也往往不了了之。

王老板成立了一家五金企业，企业经过两年的发展，已经初具规模。随着员工越来越多，企业经营的项目也越来越杂，他一个人实在抽不开身。在企业管理专家的建议下，王老板决定找一位合伙人与他合伙"打天下"。过了些日子，他通过朋友引荐认识了一个叫陈勇的人。陈勇在电话里说，他有资金、资源，并且做事严谨，希望与王老板合伙做强、做大企业。在与陈勇电话沟通以后，王老板很是动心，决定见见陈勇。

一个周末，两人约在一个会所见面。见面寒暄之后，两人开始沟通合伙事宜。这时，陈勇点起了一根烟，边抽边与王老板交谈。王老板是个不抽烟的人，对陈勇没有经自己同意就开始抽烟感到有些不快。但转念一想，或许陈勇是不拘小节，便没有放在心上。当两人交谈甚欢时，陈勇随意地把还冒着烟的烟蒂扔进烟灰缸。当王老板看到陈勇的这一动作之后，心里开始打起退堂鼓。他在创业之前是做销售的，为了了解对方，他专门学习了微动作的心理洞察术。他知道，随意地把还冒着烟的烟蒂扔进烟灰缸，说明这个人以自我为中心，比较自私、懒散，做事也不够严谨。

为了验证自己的想法，在接下来的谈话中，王老板特意用一些话题来试探陈勇。他对陈勇说："我们公司的财务主管请了几天事假，最近不在公司，下周我们约个时间具体谈一下财务方面的划分，如何？"

陈勇却说："财务嘛，多大点事，随便找一个不就行了？能力是其次，关键得会做假账，以后我们也赚得多！"

结果正如王老板所想，陈勇就是这样的一个人。于是，王老板立刻决定不与陈勇合作。庆幸的是，他们还没有签订合作协议，任何反悔都还来得及。

看完这个故事，你是不是为王老板捏了一把汗？幸好王老板通过陈勇抽烟的动作识破了他的人，要不然，如果与这样的人合作，他的企业不但不会做大做强，还会走向衰败。可见，通过抽烟这个习惯动作来观察对方的性格，也是一个很重要的"心理洞察术"。

除了随意地把还冒着烟的烟蒂扔进烟灰缸，如果一个人在扔掉烟蒂时会用按压的方式将烟熄灭，那么，这可能是他发泄心中不满或是产生了某种欲望的表现。这类人个性比较倔强，甚至有些偏激，因此在遇到事情时容易冲动。他们有着充沛的体力，但是对心中的各种欲望找不到合适的方式去处理，因而内心常常感觉焦虑、急躁。不过，他们会深得上司的喜欢，因为这类人做事时比较积极，很少出现半途而废的状况。

如果一个人在扔掉烟蒂时，会先将其轻轻地熄灭，则表明此人非常注重自己在他人眼中的形象。因此，这种人往往行事谨慎，很少会因鲁莽而做错事。与此类人交往时，也不要太随意，应表现出谦逊和彬彬有礼的样子，这样才会赢得他们的认同。不过，由于这类人做事过于谨慎，致使他们在某些时候可能无法将自己的意见完全传达给对方。而且，也正是由于谨慎过度，他们有时会显得犹豫不决，从而让一些大好的机会白白溜掉。

如果一个人吸过烟后，习惯用脚踩灭烟蒂，那么，这表明他是一个争强好胜之人。这类人的特点是不会轻易认输，有一定的攻击性。因此，他们往往喜欢对他人进行讥讽、打击。这类人的人缘较差，但倘若他对某人产生好感，就一定会向对方表明。

如果在你初次与人会面时，对方有以上这些捻灭烟蒂的动作，那你便可以根据这一动作来大体判断出其性格特征，从而找到合适的方式与之交流。当然，抽烟作为大多数男士和少数女士的习惯，除了上述几种习惯动作之外，还有很多种探寻其性格特征的其它途径，如从他们吸烟的姿势中去判断其性格特征。

我们先从男性说起。不同的人会有不同的吸烟姿势，如果仔细观察可以看到，每个人在吸烟时的手指位置都是不一样的，这些吸烟方式大体可以分为三类：

1.吸烟时，把大拇指放在旁边的人。这类人大都很独立，他们意志坚强，但同时也很自负，不喜欢被别人命令。不论遇到什么问题都想给出自己一点建议，不然就觉得不放心。他们喜欢忙碌的状态，属于领导型的人物。他们的缺点是性子太急，而且一向好大喜功，所以有时难免会遭遇失败。如果他们遇事能多一些冷静，对自己会更有利。

2. 用指尖夹烟的人。这类人比较善良，他们大都性情温和，比较照顾他人的感受，所以做事时总会为他人留有余地。不过他们对任何问题都持消极态度，不喜欢冒险，在做事时往往会选择一条最安全可靠的方法。这类男人很会体贴人。

3. 用指根夹烟的人。这类人比较实际，为人处世不含糊，是可以信赖的人。他们看上去和善老成，但有时候也会出人意料地大干一场。这类人不是顾家的类型，他们很喜欢在外活动，喜欢社交，并对自己的生活方式很自信。可以说，这类人有着很强的能力，是干事业的好材料。

以上是男人的三种吸烟方式所体现的性格特征。接下来，我们再看一下女人的吸烟方式所体现的性格特征。吸烟时比较喜欢追求烟草刺激的女性，往往比较外向；而靠吸烟使自己镇静的女性则相对内向一些。那么，女性吸烟的姿势大体分为哪几种？它们又分别揭示出哪些性格特征呢？

1. 扬起小手指夹烟。习惯以这种动作拿烟的女性，大多内心比较敏感，爱恨分明，这样的女性身上有着一种迷人的魅力。这类女性大多比较自信，但对身边的人要求苛刻，特别是对于男朋友，可以达到"吹毛求疵"的地步。所以，如果你是一个粗俗、不拘小节的男人，最好不要找习惯以这种动作拿烟的女性。

2.将烟叼在嘴角，烟头微微向上。习惯以这种动作拿烟的女性，大多喜欢不断挑战自我，是一个非常自信的人。这类女性在工作中往往雷厉风行，但喜欢以自我为中心，容易得罪人。

3.夹烟时手离烟头位置比较近。习惯以这种动作拿烟的女性，大多心思细腻，非常注重细节，也很在意别人对自己的看法，有些敏感，有的会有些自卑、内向。但这类女性有一个好处，就是喜怒不形于色，即使自己万般不开心，也不会表露在脸上。

除此之外，女性吸烟的姿势还有很多，这需要你慢慢去研究，从看人的过程中慢慢积累经验。总之，第一次与人见面时，如果对方正在吸烟，不妨观察一下他吸烟的姿势和其中细微的动作，这样对快速了解对方的性格特征还是有一定帮助的。

酒后行为，将人的本质暴露出来

古人云"抽刀断水水更流，举杯消愁愁更愁"，酒精和人们的生活有着密切的联系。酒类中所含有的酒精具有麻痹大脑神经的作用，所以当人们喝醉酒后，说话与做事等行为会表现出与平时的显著差异，甚至会失常。而这也就是所谓的"酒后吐真言""耍酒疯"这一类词的由来。

酒自古以来便是人们生活中不可或缺的一种饮品，酒从礼出，无酒不成礼，特别是与亲朋团聚的时候，为了表达一些特殊的情感，恐怕都免不了要与酒打交道。但喝酒也要适当，切不可过度。过度饮酒，除了会引发一些事故，更容易将自己潜藏的本质在众人面前暴露无遗。

有的人在酒后也能把握一定的分寸，不仅席间谈吐得体，还懂得照顾他人，更不会提过分的要求，这种人内心一般都充满正义感，有着很强的原则性。虽然有时不太合群，但做起事情来却考虑周全，全身心付出。

有的人酒后喋喋不休，唠叨个没完，会反反复复找人倾诉，但内容却都是一些无关紧要之事。这种人平时看似不太在意生活中的事情，其实内心却经常感慨遇不到能一诉衷肠的知心人。

有的人喝完酒就睡觉，不会有过多的言语与行为表达。这种人大多是性格随合之人，不会计较生活中的得与失，能很好地与他人相处，心态宽广，容易满足，但不会与人倾心去交谈。

有的人喝完酒后容易郁郁寡欢，触景生情，或者大哭一场来宣泄自己的情绪。这种人其实是比较心思细腻的，善于察言观色，富有同情心，但容易自卑、敏感，会经常因为生活中的小事而自己生闷气。

有的人酒后会特别高兴，见人就笑，还会手舞足蹈。这种人心胸开阔，性格温顺，属于乐天派，能积极向上地面对生活，笑对未来，并能很好地调节自我。

真正的君子，心怀坦荡之人，哪怕醉酒也不会趁人之危，落井下石。而心灵丑陋之人，即使平时善于隐藏自己的内心，但醉酒之后也会不小心卸下面具，将自己不堪的一面暴露无遗。

老李在一家培训机构做总经理助理，年底即将放假，为了感谢所有培训老师的辛苦付出，老总便决定在一家五星级酒店举办酒会。到了酒店，老总致完贺词，讲完工作计划，之后便各就各位，正式开始了酒会。酒过三巡，会场气氛便开始热闹起来。席间，老李去了趟洗手间，出来时却看到老总一个人站在酒店二楼，目不转睛地看着一楼大厅，似乎在思考着什么。

老李见状径直走了过去，与老总交谈了一会儿。老总一边指着一楼大厅的人员一边对老李说："你看，刘明喝完酒之后见没有人注意，竟然偷偷地把酒店纸巾和牙签装进自己口袋里。以后不要让他接触公司的后勤部门，避免他把公司物品拿回家私用。余健，平时看着一本正经规规矩矩的，但没想到是个道貌岸然的伪君子，故意装醉酒，借机去占女孩子的便宜。做事太轻佻，人前一套人后一套，太不靠谱。陆波，喝完酒也不顾及形象，就随便往沙发上一躺，一点都没有年轻人应有的朝气与精神气，自我控制能力也太差了，这种人也不能委以重任。许军，喝完酒就一直吞云吐雾地抽烟，也不与身边人交流，看来他处理人际关系不太得当，不适合外出跑业务。

听完老总的这一席言论，老李的内心有些不寒而栗。真是没有想到，喝酒竟然能在无意中暴露出这么多不为人知的个人信息。老李和老总讨论完，便一起回到了一楼大厅落座。刚坐下不久，业务主管袁立便凑过来向老总敬酒。袁立端着一杯酒，满面笑容地对老总说："感谢老总对我们的厚爱，我敬您一杯，您随意就好。"老总听完忙不迭地回答说："不不不，这样怎么可以呢？公平起见，我们还是每人喝一杯吧！"说完便端起酒杯一饮而尽。而袁立呢，却面露难色，端着酒杯，显然有些不知所措了。众目睽睽之下，老总都喝了，而同事们都在旁边看着，袁立无奈，只好硬着头皮喝了下去，但没过多大一会儿，便跑去洗手间吐了出来。

老总悄悄对老李说："其实这个袁立根本喝不了酒，却还经常吹嘘自己的酒量，一点都不诚实。"

之后没几天，在公司周会上，各部门主管做年终总结。对于个别培训分部的业务不理想，袁立归结于一些培训分部的选址不够繁华和宣传力度不够等，所以才导致业务额升不上去，整体情况不理想。老总不耐烦地说："上次酒会上喝酒你都想着要滑头，谁知道在这几个培训分部的问题上你又背着我做了什么？业务上不去，做为业务主管，你应该要从自身去寻找原因，而不是想着推卸责任，既然你没有能力，那么我就让有能力的人负责。"

没过多久，袁立就被调离了业务主管的位置。

有人说从酒品、牌品可以间接看出一个人的人品。如果一个人牌品、酒品都好，那么首先在品德上就会让人产生可以信任的感觉。特别是好酒之人，观察其醉酒后的一系列反应，是最为可信的。如果想确切地知道一个人德行如何，那么不妨看看其醉酒后的行为举止，便可以从中有所了解。

乘电梯的姿态，看出人的性格

在鳞次栉比的楼房中，电梯的重要性不言而喻。我们每天上下班都要乘坐电梯，在这样一个狭小的空间里，每个人看似是一样的上班族，可是每个人的内心活动和性格特点一定大相径庭。实际上，乘坐电梯这样一件日常小事，也能反映出人们的性格特点。

陈总监接到领导安排，需要到分公司出差几天稳定军心，因为分公司的经理被猎头公司挖走了。陈总监觉得自己一个人肯定应付不过来，需要带一个助手。他乘电梯去吃午餐时，有一位同事也在电梯里，可是还没到楼层这位同事就对他说："陈总监，我们还是下去走楼梯吧。"陈总监感到很诧异，便问他原因，这位同事回答说："我刚刚看到电梯检验合格证上的日期好像过了，不知道是后勤失职还是检修公司忘了换，不过以防万一，我们还是走楼梯比较安全。"听完这位同事的解释，陈总监决定助手的人选就是他了！

当这名同事接到出差通知时，自己也吓了一跳。不过，通过他和陈总监的完美配合，出色地完成了这次任务。陈总监之所以会选择这名员工，是因为从他乘电梯的反应中看出他是一个很善于观察的人，注意细节，做事情一定很谨慎。果然，这名员工在分公司时，一眼就能看出员工交上来的文件中的错误以及员工之间的矛盾，这为陈总监的工作提供了很多有用的信息。

在我们的日常生活中，当几个陌生人同时乘坐电梯时，我们完全可以通过其他人乘电梯的状态和行为举止来判断他们的性格特点。原因是什么呢？

举个很简单的例子：当我们走在大街上，身边还有很多人也在走路，那么我们并不会感到很奇怪，可是当我们身边有个陌生人突然肩并肩和我们走在一起，那么我们会本能地放慢脚步或者加快脚步，甚至会停下来看看这个人到底要干什么。我们坐电梯时也是一样，一群陌生人在一个狭小密闭的空间里，一定会感到无所适从，这是一种很正常的社会心理学现象。

会出现这样的心理活动，是因为每个人都有一个心理安全距离，当我们知道这一点，我们就应该主动与他人保持安全距离，这是一种基本的社交礼仪。

但是，在电梯这种封闭的空间里面时，人与人之间的距离是被迫拉近的，彼此之间就会有一种心理反应，这种反应就会表现在行为上。假如电梯是透明的，那么这种心理上的不适感就会减轻很多。这跟我们坐公交地铁是一个道理，人越挤我们就越缺乏安全感，而当我们感到人身安全受到影响时，我们会本能地做出某些反应，而从这些本能的反应里，我们能看出一个人真实的性格。

现在，我们就来看看乘电梯时大家的不同反应。在等电梯时，谁都不能保证一直保持站军姿的姿势，在环境的刺激下，有的人会做出一些外在反应，我们要做的就是通过这些外在反应，分析他们的性格特征。

1. 观察四周或抬头看看天花板

这类人通常比较善于观察，心思缜密，做事认真、稳重。他们做事井井有条，通常不会出什么错误，很受周围人和领导的喜欢。除此之外，他们从不插手闲事，也不做那些没有把握的事情。所以，假如不了解他们，会觉得他们很冷酷。

2. 重复多次按压电梯按钮

这类人通常性格比较急躁，沉不住气。他们有较强的时间观念，做事雷厉风行，决定的事情就一定要在规定的时间内做完。但是，这类人在生活和工作中完全是两个样子，生活中的他们为人随和，人缘很好，不过他们偶尔也会情绪化，忽略他人的感受。

3. 不由自主地来回踱步或在地上跺脚

一般来说，这类人通常比较敏感，甚至有些神经过敏。他们有非常敏锐的观察力，内心世界很丰富，并且对自己做出的判断和决定非常有自信。除此之外，这类人的性格中也有一部分感性成分，假如他们很有才华，那么应该多多展示，也许会取得更大的成就。

4. 低头看着地面

通常情况下，这类人的性格比较内向，并且防备心很重，一般人很难走进他们的内心世界。但是他们也有不少优点，他们通常很有求知欲，也很博学。在社交上，虽然他们不善交友，但是身边的朋友一定是志同道合的益友。所以说，虽然他们的社交范围不广，但是他们和每一个朋友的感情都很真挚。

5. 认真注视电梯楼层的指示数字，只等电梯门开就立即走进去

一般情况下，这类人虽然看上去很沉默，不善言辞，不好接近，但是他们的内心其实很阳光很开朗，对人很坦诚。他们会尽可能地帮助周围需要帮助的人，很受人欢迎。不过，这类人通常不善于拒绝，没什么原则。

总的来说，电梯是社会的一个小缩影，只要我们认真观察，一定能发现一些蛛丝马迹，解读他人的内心，让自己的识人能力得到提高。

帽子的款式，表白出他特有的性格特征

古时候，帽子象征着一个人的身份地位。在我国古代，老百姓一般戴头巾，文官戴乌纱帽，将军有自己的头盔。不仅在中国，在中世纪的欧洲，以帽子分等级的现象也常见：国王戴金制皇冠，平民戴暗色的帽子，破产者戴黄色的帽子，囚犯戴纸帽子。

随着历史的推移，帽子的含义已经没有过去那么分明了，也没了等级的差异，但帽子在当今仍是显示一个人身份的工具，例如军帽、警帽、护士帽、厨师帽等。在前文中我们曾提到过，一个人的喜好与其性格特征有着必然联系。因此，凭借一个人戴帽子的喜好，我们就可以轻松地了解他的个性特征。

比如，我国著名品牌传播策划叶茂中先生，有一次做客中央电视台的经济频道。当他与编导在中央电视台后台对这个播出内容进行探讨时，却戛然而止。为什么呢？这个理由说出来后，大家一定会觉得好笑。原因是：叶茂中先生不肯脱下他头顶上的那顶帽子。

行业内的人都知道叶茂中先生的广告很多，机场、高速上到处都可以看到。他也到处被人邀请讲课做策划。但是不管在哪里，叶茂中头顶上的这顶帽子始终是戴着的。有人好奇说叶老师的脑袋上是不是长了什么东西，不好意思见人呢？事实上，叶茂中不愿脱帽是他在刻意打造自己的个人品牌形象，帽子就成为他的一个标志物，是他的 LOGO。

　　不过，由于工作性质特殊的缘故，一个人无论选择哪一种帽子作为装饰或是伪装工具，只要仔细去观察，都无法掩藏其内心真实的性格。这是因为，当一个人选择帽子的款式时，其实就已经向人们表露出他特有的性格特征了。

1. 喜欢戴礼帽的人

　　喜欢戴礼帽的人经常会表现得十分热爱传统,总给人一种稳重、成熟而且颇有绅士风度的感觉。这类人除了喜欢戴礼帽外，还喜欢把自己的皮鞋擦得锃亮，哪怕是天气再热，他们也不穿丝袜，一定会选择那些具有厚实感的袜子，并且从不穿凉鞋和拖鞋外出。这类人表面上会给人一种非常清高的印象，而且大多都很自命不凡，以为自己是个做大事的人才。但正因为拥有这种自命不凡的个性，他们很容易就会将自己的缺点全都暴露出来。

2. 喜欢戴鸭舌帽的人

　　喜欢戴鸭舌帽的人大多是那些上了年纪的中老年人，这主要是因为鸭舌帽常常会给人一种稳重、踏实的印象。

但如果看到了一位年轻人戴鸭舌帽的话，就一定要留意他了。与这类人周旋时要格外小心，尤其当他是你的竞争对手时。因为这种人做事往往很老练，在与他人的交往中，即便对方是一个毫无城府、性格直率的人，他们也总是会和对方兜圈子，直到将对方搞得晕头转向了，他们还不肯轻易说出自己内心的真实意图。具有这种性格的人其实也并不是无懈可击，因为这类人往往很自负，而高度自负的人表面上看来好像做什么都显得滴水不漏，其实只要从细节处着手，很快就会得到你想得到的信息——做大事的人很容易忽略细节。

3. 喜欢戴圆顶毡帽的人

喜欢戴圆顶毡帽的人给人的第一感觉就像是一位好好先生，对周围的所有事情都好像很热衷，但如果你和他接触几次后就会发现，这种人好像没有自己的主见，在与人交谈中总是附和别人的观点。另外，具有这种性格的人从来都不会向外人表达自己的见解和观点，他们从不轻易去得罪一个哪怕是看起来毫不起眼的小人物。这种人在本质上其实属于踏实肯干的一类人，他们一生都会坚信：只有付出才会有收获。

总之，我们可以从对方戴帽子的款式看出他的性格特征。当然，帽子的款式并不局限于以上三种，但不管帽子有多少款式，只要我们仔细观察，认真分析，并且按照以上的标准进行练习，我们也可以练就一双"见微知著"的神眼。

听音乐的习惯，最能体现人的性格规律

每个人都有自己的休闲娱乐习惯，有的人喜欢跳舞，有的人喜爱绘画，有的人喜欢慢跑，有的人则喜欢散步，也有的人喜欢静静地听音乐。美国心理学家卡尔·兰塞姆·罗杰斯曾经说过："任何一种娱乐习惯都代表着人的一种性格规律。"而听音乐的休闲娱乐习惯最能体现出人的性格规律。

陈莹是独生女，如今已经 30 岁了，还是单身一人。为此，父母很是为她着急。这不，父母联系家里的亲戚朋友给她介绍了几个相亲对象，等待她的最后确认。对此，陈莹倒也不反对，毕竟自己的工作环境和生活圈子，让她很难认识交往的对象。所以，她决定对这几个相亲对象进行考察。

经过一番了解后，陈莹对两个男士比较满意，但她一时也无法决定与谁确定恋爱关系。毕竟，这关系到自己以后的幸福生活，她谨慎一点也无可厚非。一天，她听闺蜜说通过一个人听音乐的习惯，可以看出一个人的性格规律，并向她详细介绍了不同音乐所反映的性格特征。陈莹是一个比较腼腆的女孩，性格也不是很活泼，所以她想找一个性格开朗、主动的男士。陈莹听了闺蜜的话，决定试试这个方法灵不灵。

晚上，陈莹分别在微信上问两个男士平常喜欢听什么音乐。一位回答说"喜欢听摇滚音乐"，另一位回答说"喜欢听流行音乐"。

陈莹结合闺蜜告诉她的音乐与性格之间的关系，认为第二位男士更合适自己，于是选择了他做自己的男朋友。

后来，事实证明陈莹选对了。因为对方的性格简单、开朗，没有什么心计，对陈莹也很坦诚。两人交往 1 年后，幸福地结婚了。

你瞧，这是个十分简单的，谁都可以实践的方法，只要你稍加学习和模仿，就可以达到很好的效果。

音乐是全人类共通的语言之一。我们的生活离不开音乐，否则生活将变得索然无味。更重要的是，我们大部分人都曾有过被某一首音乐作品感动的经历。音乐是一种纯感觉性的东西，听音乐的人喜欢听哪一类型的音乐，就表示他在这一方面的感觉相当好，而这种感觉很多时候又与一个人的性格紧密相连。

1. 喜欢听流行音乐的人

流行音乐的主旨是简单，但是这并非说喜欢听流行音乐的人都很简单，只能说是喜欢听流行音乐的人追求比较简单的生活方式。这类人的性格趋于叛逆，崇尚自由自在的生活方式，不愿意受任何陈规旧俗的约束，而且他们总是想方设法地让自己过得轻松快乐一些。这类人的性格虽然叛逆，而且有时叛逆起来就像是脱缰的野马一样不受控制，但在一般情况下，他们的内心却是很温和的，只要不过分地惹怒他们，就会发现他们是最值得交心的朋友，因为这种追求简单的性格使他们没有太多的心机。

喜欢听流行音乐的人时常会表现出对一些问题的过分关注和关心，这是因为他们内心在追求简单的同时，又对一些复杂的问题有着探知的欲望，这很容易使他人将他们的这种行为理解为具有针对性的行为，从而产生一些不必要的误会。

2. 喜欢摇滚音乐的人

喜欢摇滚音乐的人大多数性格比较急躁，容易动怒。他们中的一些人可能曾遭受过心理打击，又或者对社会上的某些东西感到不满，从而产生了愤世嫉俗的情绪。在这种情绪得不到充分发泄的情况下，他们便需要借助摇滚音乐的形式来宣泄情绪。

3. 喜欢听爵士音乐的人

这类人的性格中感性化的成分居多，而理性化的成分相对少一些，因此在做事时，他们喜欢从自己的感觉出发。这种以情感为依据的做事方式往往容易让他们忽略客观事实，即便别人提醒他们那样做不合适，他们也不以为然，因为他们就喜欢自由自在，不喜欢约定俗成的行事风格。由于他们一直努力追求丰富多彩的生活，因而讨厌一成不变的环境，因此，他们的生活多是由很多个不同的方面组合而成，但这些方面往往又彼此矛盾，从而给他们的生活笼罩上了一层神秘的面纱，使得他们在生活中具有无尽的神秘感以及十足的魅力，就像那些优雅的爵士一样。

4. 喜欢听古典音乐的人

喜欢听古典音乐的人一般比较理性，因而他们比其他人更加懂得自律和自省，而且不喜欢和不太理性的人交往。这类人的内心是非常孤独的，主要原因是他们的性格存在着较强烈的孤僻性，因而他们很少主动和其他人交往，从来没有想过走入谁的内心。这类人也不会轻易让别人走进自己的内心，去了解和认识他们。

性格孤僻、内心孤独的人，绝大多数都喜欢并倾向于选择听具有柔和性质的古典音乐，因为古典音乐所带来的舒缓效果能够安慰他们孤独的心灵。所以，具有柔和性质的古典音乐便成了他们选择的心灵伙伴。

5. 喜欢听乡村音乐的人

喜欢听乡村音乐的人大多敏感和心细，他们的性格较为多疑，不会轻易相信别人说的话；为人也比较圆滑、老练且沉稳，遇事比较冷静，不会轻易动怒。不过，尽管他们疑心较重，但性格一般较为温和、亲切，主动攻击别人的欲望不强，并且比较喜欢安定且富足的生活。

这类人的性格造就了他们较为明显的特征，即缺乏创新性。这一点从他们喜欢安定的生活上就可以看出，而一般喜欢安定的人都缺乏创新思维。因为他们不太喜欢改变，也很容易得到满足。可想而知，这类人一般不会有太大的作为，正如德国著名的哲学家黑格尔曾经说的那样："害怕改变的人，也就谈不上有大的作为。"

到这里，关于从听音乐的方式看人的性格规律的方法你已经知道了很多，但你知道以上介绍的内容中最重要的是什么吗？答案是——立即行动起来，到实践中去运用。

不同的阅读习惯，代表不同的性格特征

判断一个人的性格，不仅可以从行为举止来判断，也可以从一个人的阅读习惯来判断。比方说，买回来一本书，你会怎么处理呢？是迫不及待地打开看，还是放在书柜上，等有空再拿出来看？会出现不同反应的原因，是人与人的性格差异。因此，通过阅读习惯判断一个人的性格特征，是有依据的。

朱迪是一家外企的市场经理，有一天上级部门安排她出差到外地处理一个合同，这个合同很复杂，她需要一位助手从旁协助。然而她的部门有两位员工莉莉和晓庆都很优秀，朱迪犯了难。

这一天，朱迪把莉莉和晓庆同时叫到办公室，对她们说："我这儿有两份资料，你们拿去，尽快帮我整理出来，我下周出差需要用，辛苦了。"

莉莉和晓庆回到座位后，反应大不一样。莉莉马上就拿起资料仔细阅读了一遍，半小时之后就开始整理了。而晓庆拿到资料后，只是放在手边，等前一项工作完成后才开始整理。

最后，朱迪决定让莉莉作为自己的助手，和自己一起出差。因为这项工作时间紧，任务重，助手一定要第一时间就把自己安排的事情完成好，要反应快，处事果断。而从二人的阅读习惯来看，显然莉莉比较适合这次任务。最后的结果也证明，朱迪的选择没有错，莉莉凭借灵敏的临场反应，出色地完成了这项任务。

每个人阅读习惯不同，性格自然不一样，那么我们应该如何通过阅读习惯判断一个人的性格呢？我们分成四种情况来分别分析一下：

有的人买回一本书，不会马上翻开看，而是先放在旁边，等到把手头的工作全部完成，在没有后顾之忧的情况下，安安静静地、认真地看这本书，在看到精彩的部分时，还会摘抄下来。这类人通常性格比较内向，不擅长与人交流，所以人际关系不太好。但是，这类人的精神世界很丰富，有内涵、有思想，常常不鸣则已，一鸣惊人。他们非常现实，脚踏实地，因此会对一些虚幻的想法嗤之以鼻，更不会出现轻浮的行为。他们有很强的自我约束的能力，做事认真负责，有始有终，而且做事井井有条，会按照先后顺序把事情完成。

心理学家指出，这类人有一个非常大的缺点，就是太孤僻，接受新鲜事物比较缓慢，因此他们思想较为闭塞。

还有的人买回一本书后，会迫不及待地拿出来看，这类人的性格通常比较外向。他们活泼、阳光、精力充沛，常常如小太阳般照耀着身边的人，除此之外，他们头脑灵活，临场反应快，愿意接受新鲜事物，上司通常很喜欢这样的员工。同时这类人表达感情通常比较直白，不太注重自己的隐私。这类人虽然浑身充满干劲，但是他们有一个非常大的短处——做事冲动。这类人做事从不三思而后行，因此常常出现纰漏。

第三种情况就是买回一本书以后，先略读一下，然后就放在旁边睡大觉了，因为他们没有耐心把整本书都看完。这类人性格外向，生性乐观，有幽默感，兴趣爱好比较广泛。然而，这类人通常比较自我，没有耐心，对任何事情都是三分钟热度，不能善始善终。一位英国的心理学家曾说过，一个没有耐心的人，即便是热情再高涨，也不会被人重用。因为大多数人看中的是结果，而不是过程。没有成果证明自己，如何让别人相信自己的能力呢？

最后一种情况就是，买回来一本书放在一边不看，非要等到自己无所事事，或是突然想起来再看，否则，他们宁愿多看两集电视剧，也不愿意看书。这类人通常性格比较懒散，不喜欢约束，也还有些多愁善感。从他们对待阅读的态度就能看出他们对人生缺乏一些勇气和斗志，做事拖拖拉拉，不到紧要关头绝不行动。这类人很难有什么大成就，尽管他们的想法很多，但是不去实施，一切都是空谈。

这类人总是喜欢做白日梦，有严重的幻想型人格。虽然他们异想天开，但是他们一点都意识不到自己的问题，反而觉得是其他人出了问题。或许是因为性格中还有点多愁善感的因素，他们喜欢抱怨生活、抱怨社会，而且情绪很不稳定，因此常常做出一些匪夷所思的行为，比方说买回一件衣服不穿，等过季了，又当二手货卖掉。

喝咖啡的方式，会暴露一个人的性格和心理

曾经有一位心理专家做过一项颇为有趣的实验，这个实验叫"喝咖啡的实验"。这个实验是这样的：心理专家邀请了几位朋友一同去某咖啡店喝咖啡，并仔细观察这几位朋友喝咖啡的方式。不仅如此，心理专家还用了近半年的时间，去不同的咖啡厅，观察不同的人喝咖啡的方式，并争取和其中一些人有所交流。

通过实验和长期观察，专家发现，由于在味道和口感上的选择不同，人们喝咖啡的方式也有所不同，而一个人喝咖啡的方式会不经意地将这个人的性格和心理特征暴露出来。

喜欢速溶咖啡的人属于珍惜时间、节约时间的类型，他们不会轻易浪费一点时间。在工作甚至日常生活中，他们总喜欢一蹴而

就，希望能够尽快看到结果。这表明，这类人拥有急于求成的心理。但欲速则不达，因而他们在这种心理作用下取得的结果通常并不太乐观，而且这样的心态还容易把他们弄得筋疲力尽。

由于这类人对工作与生活缺乏足够的耐性，因此他们无法从事一些需要精益求精的工作，更难以设计出一个长远的计划，以及长时间地朝着一个目标奋斗。即便是有了一个长远的目标，他们也很难坚持下去，总是半途而废，所以他们往往成就不了什么大的事业。但是，他们总会在很短的时间内将自己安抚好，因此，这种人一般不会陷入某个无法自拔的泥沼。

相反，喜欢喝过滤咖啡的人是最不懂得珍惜时间的人。他们甚至经常把浪费时间当成一种应有的享受，而且还认为这是高雅脱俗的生活品味。这种人是绝对的完美主义者，对自己渴望拥有或已经拥有的东西都要求绝对的完美性，并且舍得为了实现这些完美而大把地投入情感和金钱。虽然他们很期待这种投入会有所回报，但大多数情况之下，他们所得到的结果都不甚理想，现实毕竟是不完美的。

就这点而言，他们具有严重的幻想心理。这种幻想心理出现的原因可能是由于其内心某种长久的愿望或期待一直没能得到实现，从而在内心产生了一种郁结，当这种郁结越来越强烈又得不到有效解决时，便会出现严重的幻想心理。这种幻想心理从某种意义上来说，也是他们的一种自我安慰心理，即依靠自我调节、自我解脱来实现心理平衡。

喜欢亲自磨咖啡豆喝咖啡的人，通常都是个性鲜明、追求独立自主的一类型人，他们不喜欢受到来自他人或外界的约束和摆布。他们历来自信心十足，甚至大有一种自我崇拜的心理。不仅如此，他们也很有胆识，似乎从来没有不敢尝试的事情，而且他们更愿意接受一些一般人不敢接受的挑战。虽然这在一些人看来是一种莽撞的行为，也经常会让亲朋好友为他们捏一把汗，但他们通常能够成为挑战的成功者。

选择亲自磨咖啡豆喝咖啡的人有一个非常显著的特点，即喜欢自食其力（这是一种心智成熟的表现）。在这类人看来，无论是男人还是女人都应该自食其力。或许正是因为他们有了这种成熟的想法，所以他们经济一般都比较独立。他们也有着良好的心态和理性思考的能力，在面对一些突如其来的变化时，他们能够凭借自己的能力将之处理得比较妥当。不劳而获的人是这类人最鄙视的一类人。

喜欢用酒精炉加热咖啡的人，拥有一般人所不具有的浪漫情怀。他们不喜欢太单调的生活，总是希望生活中不断有惊喜出现，因为这会令他们无比兴奋。此外，他们还具有强烈的好奇心，对所有的事情都具有高度的探知欲。因此，这类人总是容易受到外界人群行为的影响，并将这种影响在自己的知觉、判断、认识、行为上表现出来，这也就是人们所说的"从众心理"。毋庸置疑，这类人很少能够保持自己的独立性。

而喜欢用电热器煮咖啡喝的人拥有一个显著的特点，即具有忧患意识，他们总是未雨绸缪。他们往往在事情还没有发生之前就已经做好了相应的准备，所以在工作与生活中，这类人很少有手忙脚乱的情况发生。由于无论是在工作、学习还是社会活动中，他们处处表现得谨小慎微，而且在和别人发生利益冲突时也不轻易冲动行事，所以他们有极好的人缘，也深得同事和上级的喜爱。

这类人一般都拥有热情、大方、温和的性格，特别是对待自己的亲朋好友时，往往能够在对方需要帮助的情况下伸出援手。他们的这种行为是发自内心的，不带有任何目的性，这也是他们能够赢得对方尊重的原因。

接打电话，展露人物个性特征

在一间会议室里，分别有两位男士在打电话。其中 A 男背对着桌子，用很大分贝的声音大声讲话；而另一位 B 男则一边讲电话，一边指手划脚地做着各种动作。

试问，你能从他们讲电话的神态中判断出他们各自的身份以及性格特征吗?

当今社会通信业的迅猛发展,使得手机已经成为了人们在日常生活中的必需品之一。相对于年轻一族来说,手机除了主要的通信功能之外,还兼有拍照、看电影、玩游戏、购物、点餐等很多数不清的功能,人们足不出户,就能享受到手机所带来的一系列便捷服务。

但你又是否曾留意到人们在面对不同的人群与不同的场合时所表现出来的打电话的方式呢?通过对方打电话的方式与语气,我们就可以近距离地了解到一个人的性格特征和其当时的心理状态。

有些人性格比较急躁,所以拨打电话速度也会快一些。而在等待接通的过程中,行为上会显得焦躁不安。比如,眼睛东张西望,手却不停地敲打桌面或者拨弄身边的物品,长时间没有接通时甚至还会用咬嘴唇、叹气或者喝水的方式来缓解自身紧张与不安的情绪。

而慢性子的人,则会凡事慢悠悠。会慢慢地拨号,甚至有些人还会在等待接通的过程中开通免提,在房间里做着其他事情。听到对方有人应答后,才会不紧不慢地拿起电话,然后放在耳边。

另外急性子的人在对方接通的一瞬间会直接说事,不拐弯抹角,也不会自报姓名,事情说完也不会过多寒暄,说完便挂断电话。而慢性子的人除了说事以外还会拉拉家常叙叙旧,免不了会讲一些客套话。在这方面,慢性子与急性子的区别显而易见。

正所谓千人千面，就如开篇所描述的两位男士打电话的情景一样。根据他们讲电话时的神态，我们判断 A 男可能是老总或者部门领导，B 男可能是下属职员等身份。在日常的工作与生活中，不同的人打电话的姿势也是有所不同的，具体来说，我们可以根据人们在打电话时的神情与动作，来大致判断一个人的性格特征：

1. 悠闲舒适型

有的人讲电话时，会习惯性地采取"葛优躺"的姿势，随心所欲，怎么舒适怎么来。他们在生活中为人处事干练沉稳，遇事不慌不忙，属于会享受生活的一类人。

2. 一心二用型

在接电话的过程中会开着免提，还同时在房间内进行一些其他的工作，比如整理文件、资料，或者拖地擦桌子等。这种人的时间观念比较强，会合理有效地利用时间来分配工作。

3. 边走边谈型

这类人讲电话时会在室内不停踱步，不会在一个地方停留下来。他们往往比较八卦，好奇心重，凡事喜欢新鲜感，并且讨厌一成不变和按部就班。

4. 以笔代指型

打固话时，有的人会不由自主地拿起身边的笔去触碰电话键，其实是为了掩饰内心紧张的状态。这类人在生活中是比较急躁易冲动的人，害怕孤单，喜欢参加集体活动。

5. 手指绕线型

这类人打电话时会不停地用手指拨弄电话线，并喜欢绕圆圈。他们往往乐于倾谈，所以通话时间会较长。他们对凡事看得比较淡，只要过得去就好，不会太计较，生性豁达并且热爱生活。

6. 随手涂鸦型

打电话时，他们的另一只手会拿着纸笔不停地乱写乱画。这种人大多对生活充满幻想，向往美好与和平，且性格乐观开朗，即使遇到困难也能微笑面对。

7. 紧握下端型

通话时手喜欢紧握电话下端的人，往往爱憎分明，做事干脆果断。只要是自己所认定的人和事，一旦下定决心，便不会轻易改变。

8. 以肩代手型

这类人接电话不用手，而是选择把电话夹在头与肩之间，以肩代手来完成通话。这种人在生活中处处彰显小心谨慎，凡事需再三考虑周全并做出相应计划才会去实施，所以不容易走弯路，也不易吃亏。

9. 直面电话型

这种人讲电话习惯于开免提，不喜欢把听筒放于耳边，而是喜欢直接对着电话屏幕。这种人往往心无城府，心思比较单纯，是个直肠子，喜欢直来直去，能与周围的人很好地相处。

10. 平淡无奇型

也有些人打电话时并没有什么特殊的习惯与嗜好，显得平淡无奇。但这类人心地善良，富有同情心。他们对自己的生活充满信心，遇事有主见，也能很好地规划好自己的人生。

在现代社会，电话已然成为了人们日常生活的必需品之一。只要你善于观察，便会发现不同身份的人在不同的场合、面对不同的人时，所表现出的姿态与神情都是不一样的。虽然拨打电话只是日常生活中的一个细小的行为，但我们却可以从此细微处来探知对方的一些性格特征以及心理状态。

你养的宠物，可以看出你的性格

现在，有越来越多的人选择养宠物来陪伴自己，实际上，通过一个人养的宠物，也能反映出一个人的性格。

卢梭是法国非常有名的思想家，他在和别人交流之前，会问对方："你喜欢猫吗？"他为什么会问这么一个和谈话主题无关的问题呢？因为卢梭觉得可以通过对方对这个问题的回答，看出对方的人品。

与狗相比，猫对人没有那么亲近，狗对主人的命令高度服从。喜欢猫的人通常比较稳重，多多少少可以容忍别人的任性。通常来说，特别讨厌猫的人，一般自尊心很强，占有欲也很强。就拿政治家来说，很多讨厌猫的政治家都是独裁者，比方说俄国沙皇压亚历山大二世、凯撒大帝、墨索里尼等，这些人都十分讨厌猫。

一般能够直接说出"我一点都不喜欢猫"的人，大多数都是凡事都要按照自己的想法来，否则就翻脸的人。反之，如果对方回答喜欢猫，那么，他应该是一个很有耐心，并且不怕麻烦的人。美国前总统林肯以及麻风病专家史怀哲都是喜欢猫的人。可以说，一般喜欢猫的人都比较民主。

说起养宠物，大家第一时间想到的一定是猫或者狗吧。小猫好打理，小狗很忠诚，所以养的人很多。还有的朋友追求刺激、彰显个性，喜欢养蜘蛛、蜥蜴等宠物。

实际上，不管你养的宠物是什么，你对宠物的选择以及和他们的相处方式，都是你内心潜意识的表现。简单来说，就是可以通过宠物识人。一项心理学研究表明，那些养宠物的人，总是在毫无意识的情况下，选择一种和自己很相像的宠物。

比方说，性格活泼、爱说话的人，喜欢养一条很好动的狗；慢性子、好静的人会养乌龟或者安静的金鱼；神经质的人喜欢养蛇。

好吃的主人会把自己的宠物养得胖胖的，喜欢养大狗的人通常具有优越感，喜欢养小狗的人渴望得到他人的关爱，等等。从宠物身上，可以看出主人的性格特征，外在的宠物往往就是主人内在性格的表现。

具体来说，宠物类型和主人的性格特征有下面一些关系：

1. 养狗的人。狗的特点是忠诚、勤快、友善。养狗的人一般性格非常开朗，但是也缺乏安全感，渴望得到别人的关爱。另外，养的狗品种不同，主人的性格也不一样。喜欢养牧羊犬的人一般虚荣心很重；喜欢养贵族犬的人首先家境殷实，也许还有点高傲，不好接近；喜欢狮子狗的人性格活泼，就像个孩子一样；喜欢收养流浪狗的人，通常很富有爱心，比较善良。

2. 养猫的人。猫的特点是温柔、慵懒、灵活，养猫的人通常和猫一样慵懒、性子慢，喜欢做白日梦，还有点"外貌协会"。他们崇尚独立自主，讨厌附和，直来直去，从来不委曲求全，言不由衷。

3. 养鱼的人。鱼的特质是悠然自得，不受拘束。养鱼的人往往性格豪迈奔放，崇尚自然，喜欢像鱼一样在水里自由地游来游去。

4. 养蜥蜴和蛇的人。蜥蜴和蛇都属于另类宠物，养这类宠物的人比较有个性，特立独行，从不在乎别人的眼光，所以他们往往也没有太多的知心朋友。

5. 养蜘蛛的人。蜘蛛是一种有攻击性的动物。自己内在的攻击欲望得不到表达的人，会选择养一些攻击性强的宠物。

在了解了宠物类型和主人性格的关系之后，在日常的交际中，我们就能够通过对方养的宠物来判断对方的性格。比方说，在你与对方初次见面时，也可以学学卢梭，问问对方喜不喜欢猫，把它作为闲聊的话题，也许能由此判断出对方的性格。

世界巨星迈克尔·杰克逊的宠物是一只大猩猩，我知道大家一定很难把这两者联系起来，可是杰克逊的确养了一只大猩猩作为宠物。仔细想想，你会发现其实这其中是有迹可循的，那就是杰克逊和大猩猩一样，表现欲很强。作为一个闻名全球的明星，从出道初期的歌舞表演，再到后来的官司缠身，杰克逊从未游离于人们的视线之外。

海明威就是一个"猫奴"作家，也许海明威那粗犷的外表和温顺的小猫确实不搭，不过，海明威的侠骨柔情，确实是爱猫人的特点。他的《战地钟声》这部著作，就是在群猫环绕中完成的。海明威家里曾经养了四十多只猫。

假如你心仪的人喜欢养蛇、蜘蛛、蜥蜴等另类宠物，在你们的相处过程中，你可能要多点耐心了，因为这类人通常性格内向，封闭自己，不太擅长与人交流，如果你的节奏太快，小心吃闭门羹。

我们常常说"字如其人"，其实"宠物也如其人"，当你想要了解一个人，又不知道从何下手的时候，不妨看看他养了什么宠物吧，相信你会收获不少有价值的信息。

第八章
剥茧抽丝，情场男女微动作心理真相瞬间抓拍

　　大多数男女都在两性较量中疲惫不堪，越是抓得紧越感觉抓不住，耐性一点点被消磨，彼此间的猜忌也越来越重。但是，并不是所有人都读不懂男女这两本书。有些人看起来没什么特别之处，反倒能抓牢对方的心，把自己的爱情经营得井井有条，因为他们看懂了对方微动作下的小心思。

妆容，描画的是女人心

俗话说"爱美之心，人皆有之"，谁不想让自己变得漂亮呢？很多女人为了提高自己的颜值，会使用一些化妆品，对面部进行一些调整，扬长避短，改变自己的外部形象。

有一部电影里有这样一个情节：一位大龄男青年的个人问题始终得不到解决，于是他的母亲出主意，搞了个相亲海选。海选那一天，门口大排长龙，来参加的女性形形色色。第一位女士不修边幅，也没化妆，甚至穿着围裙就来了，母亲眉头一皱；第二位女性一进门就把母亲吓了一跳，她画着大烟熏妆，戴着大耳环，还涂着黑色口红，母亲连忙摆手；第三位女性穿着暴露，浓妆艳抹，母亲也很是不满意；当女主角出场时，一身浅色连衣裙，披肩长发，淡淡的妆容把精致的五官衬托得恰到好处，母亲十分满意，连忙站起来，围着女生转了好几圈，细细打量。

为什么男青年的母亲对最后一个女生的印象最好呢？因为通过这位女生的妆容和外表，她确定这个女孩子一定非常注重自己的形象，并且懂礼节，知进退，为人认真，追求生活质量。其他几位女性一看妆容，就不是适合结婚过日子的对象。

通过这个故事，我们可以知道，不同的妆容，反映了女性不同的性格特点。妆容，表面上看描画的是女人的脸，实际描画的是女人心。

有的女性喜欢化淡妆，她们的妆容看起来十分清透、自然，稍微一点缀就能把一个人的气质凸显出来。一般来说，喜欢以淡妆点缀的女性性格温柔随和，做事非常认真、有责任心，为人也很真诚。虽然在职场打拼，但是她们能在家庭和工作之间游刃有余，把握好两者的平衡点。这类女性通常人际关系很不错，很受大家欢迎，尤其是异性。

而喜欢浓妆艳抹的女性恰恰相反，她们往往性格比较张扬，做事雷厉风行，为人耿直、爽朗，也很讲义气，当朋友有需要时，她们会尽全力帮助朋友渡过难关。不过，她们的性格也很固执，认定一件事情时，不撞南墙不回头，因此也会吃很多亏。这类女性在生活中常常有较强的表现欲，她们希望自己时时刻刻都是焦点。

有一部分女性为了彰显自己的风格，追求个性，喜欢化烟熏妆。通常，烟熏妆是独立、叛逆、追求自我的象征，给人酷酷的、很难接近的印象。这类女性在日常生活中愤世嫉俗，对什么都不感兴趣，仿佛是一块干柴，假如某天她遇到让自己狂热的事情，就会如干柴遇到烈火般，一发不可收拾。

有的女性一化妆就要花费很长的时间，至少要花一个小时，她们对妆容的每一个细节都十分仔细，有句话戏称"头可断，血可流，脸可千万不能丢"。这类女性不仅对妆容的要求很高，在生活中和工作中也都谨小慎微，不放过任何一个细节，通常都很有耐心。但是，由于她们的外表十分耀眼，所以不太受同性的喜爱，建议这类女性多学习一下如何与同性相处。

随着化妆技术的进步，越来越多的女性开始推崇"裸妆"，就是虽然化了妆，但是像没化妆一样自然。通常来说，喜欢这种妆容的女性有一颗"少女心"，希望自己永远年轻，讨厌复杂的社会，内心比较幼稚。而在社交问题上，她们的思维很单一，容易上当受骗。这样的女性可以作为生活中的好友，但是如果想要发展成为事业的合作伙伴，希望大家谨慎对待。因为她们对于事业和未来常常没有太大的野心，只想安安稳稳地过日子。

有喜欢化妆的女性，就一定有不爱化妆的女性。不过，从来不化妆的女性屈指可数，只能说她们不经常化妆而已。这类女性通常比较有"女汉子"的气质，对事情有自己的立场和见解，不会随波逐流。现实生活中，这样的女性处事很果断，喜欢追根究底，凡事爱较真儿。一般情况下，她们爱走两个极端，要么极为平庸，要么极为出色。

自古以来，提到化妆，大家往往想到的都是女性。不过随着生活水品的提高，有不少男性也开始注重自己的外表，外出之前会稍微打扮一下自己。他们化妆可不是"娘娘腔"，实际上，这类男性更值得他人尊重，值得交往。因为这类男性通常生活态度很积极，注重自己的生活质量，不管是对自己还是对朋友都很有耐心。但是，这类男性不仅对自己要求高，对周围人的要求也很高。

可见，通过一个人对化妆的态度以及妆容类型，就能判断一个人内在的性格特点，假如我们能仔细观察一个人的妆容，说不定也能获得不少有用的识人信息。

相亲见面，从点菜获悉对方性格

现代社会，由于大家都忙于工作，如果交际圈子狭窄，很容易出现"单身男女"。这时，双方的朋友、亲戚、同学就会为彼此介绍男女朋友，于是便有了相亲。相亲，大多都是第一次见面，初次见面的第一印象非常重要，因此，在彼此并不熟悉的情况下，先通过对一些细节的观察来了解对方的性格与喜好是很有必要的。只有了解了对方，才能知道从哪里切入话题更好，才知道怎样做更合宜。所以，要想让初次相见时的气氛变得更为融洽，要想给他人留下完美的最初印象，就要有识人的本领，就要能从一切可能了解对方的方面去观察，从而窥探出对方的一些性格特点，更快地与之熟络起来，为顺利沟通打下良好的基础。

黄亮是一家国际贸易公司的高管，工作方面一直比较顺利，只是人过三十了还没有找到合适的结婚对象。一次，朋友给他介绍了一个叫胡芳的女孩，黄亮与胡芳的初次相见约在一个餐厅。女孩很漂亮，工作单位也很好。但是在吃饭时，胡芳很麻利地点了很多自己爱吃的菜，花费了不少钱。在胡芳看来，黄亮是一个高管，自然不差钱。但她不知道自己这样做，实际上忽略了对方的感受。黄亮虽然身为高管，但一向崇尚节俭，所以在看到胡芳的举动后，他马上意识到对方可能是一个贪图享受的人。而从胡芳考究的穿着上，黄亮更是确信了这一点。他认为胡芳与自己不是同一类人，不适合做自己的妻子，于是果断地选择了放弃。

只是一次点菜，黄亮便认定了胡芳不是自己妻子的合适人选，而胡芳则可能无从知晓其中的原因。但无论如何，她通过点菜而暴露出的性格特点确实可以让人明白，要了解他人的性格，可以从生活中很多细小的环节入手。吃饭点菜，人们往往并不在意这样简单的行为，而正是这种下意识的行为才暴露出一个人性格的某些特点。有心之人看在眼里，就会把它当成对对方做出评价的重要因素，从而对未来是否与之交往、如何交往产生深远的影响。可见，在与人初次见面时，如能通过对对方的某种行为的观察而看出其性格，这对于之后的交往、交流将会是很重要的。所以，很多人会在餐桌上对他人不动声色地进行观察。

相亲时免不了要吃饭，点菜是"必修课"。而在饭桌上点菜的几分钟，是一个人性格特点暴露的最佳时间。一样是点菜就餐，不同人就会有不同的点菜风格，而点菜风格也正是一个人性格的外在显现。

既然相亲见面时，从点菜的方式的确可以看出一个人的性格，那么，各种不同的点菜风格会透露出怎样的性格特点呢？

1. 征询他人的意见之后点菜：有的人在点菜时，会先问一下其他人的意见，然后再点菜。这类人属于比较灵活的人，而且非常注重细节，但他们在生活中有时会略显拘谨。

2. 点自己爱吃的菜：有的人拿到菜单后，先把自己爱吃的菜点上。这类人的性格一般比较直爽，他们行事果断，不会伪装，也不喜欢比较小家子气的举动。如果遇到这样的人，无须太注重细节，更不用故弄玄虚。

3. 说出自己想吃的菜：有的人会将自己想吃的菜告诉对方，然后等着对方做决定。这类人的性格大都比较开朗乐观，为人友善，他们通常懂得照顾别人的感受，但也不会轻易地委屈自己。

4. 不发表意见者：有的人在点菜时，从不发表任何关于自己的意见，既不说自己想吃什么，也不说自己不喜欢吃什么，别人点什么就跟着吃什么。这样的人大多性格比较温和，不会轻易与人发生矛盾，但比较没有主见。

5. 点菜特别慢：有的人在点菜时，将菜单翻来翻去，很难决定点什么菜。这类人的性格通常比较认真，他们做事往往一丝不苟，而且能积极认真地听取他人的意见。不过，这类人会显得缺少主见。

6. 先点好菜，然后再根据情况变动：这样的人点菜时往往比较快，但点完以后，又会反复进行修改。这个细微的举动透露出此人小心谨慎的性格特点，这种人在生活和工作中大都比较优柔寡断。

当然，点菜的风格还有很多种，这需要你根据当时的情形仔细观察，并进行总结。请记住：恋爱需谨慎，点菜见人品。

举杯姿势，就是男女个性的写照

我们的任何一个动作，就算是那些微不足道的小动作，都能反映出一个人真实的内心世界。你相信从一个人拿杯子的动作，也能看出一个人的个性特征吗？通过对这一动作的观察，可以让我们快速地了解一个人。

林晶今年27岁了，一个周末，她的家人为她安排了两次相亲。第一天相亲的男士一表人才，两人聊天期间，他一直面带笑容。席间，男士点了一杯绿茶，双手紧紧地捂着杯子，好像在提防着什么似的，林晶注意到了他这一动作。后来，林晶又和这位男士聊了聊天，男士虽然有问必答，可总是欲言又止的样子。凭借自己多年的社交经验，林晶觉得这位男士城府颇深，不可托付，于是晚餐结束后，互相道别，就没了下文。

第二天相亲的男士，一进餐厅就很绅士地为林晶拉开椅子，随后的餐点也安排得恰到好处，两人碰杯时，林晶注意到对方把酒杯握得很紧，大拇指还按着杯口，行为举止都很得当。在后来的交谈中，林晶觉得这位男士很开朗，很诚恳，是一个值得交往的对象。后来，这位男士真的成为了林晶的丈夫。他们婚后不久，林晶从母亲的口中得知，她第一天相亲的男士在公司因为陷害同事被解雇了。

　　一般来说，就男性而言，假如他喜欢用双手捂住杯子，就像第一位相亲对象那样，说明他城府颇深，虽然面容和善，但是很可能笑里藏刀，甚至冷血无情。他们喜欢把自己伪装起来，不会在外人面前表露真实的自己。这类人的戒备心也很重，不会轻易相信任何人，几乎没有什么知心朋友。这类人的行为也从侧面反映出他们的内心实际上非常脆弱，正因为如此，他们才把自己包裹起来。

　　假如一位男士拿起酒杯时紧紧握住它，并且用大拇指按住杯口，就像第二位相亲男士一样，这类人通常性格开朗、直来直去，在与人交往时，他们会很友好，很真诚，因此他们通常有很多朋友，人脉关系很广。他们很有男子汉气概，有一说一，敢说敢做，但也会给他人留下冲动莽撞的印象。

　　假如一位男士喜欢用手抓着酒杯，表示这位男士性格比较内向，在陌生的场合比较拘谨，因此才会紧紧地抓着酒杯。通常，这类男士喜欢独自思考问题，有很强的逻辑思维能力，因此这类男士非常冷静理智。我们在生活中仔细观察一下就会发现，他们在抓住酒杯时，通常也伴随着一阵放空，那是他们在思考。这类男士与人交往时普遍会和对方保持一个安全距离，不会和对方交往过密，也不会过于生疏。这类人朋友不多，但是只要是朋友，就是良师益友。

同样，通过握酒杯的动作，也能判断一个女性的性格特点。当然，女性的握杯方式和男性是有天壤之别的。

假如一位女性喜欢把杯子拿在手上，一边喝酒，一边和他人愉快地交流，说明这位女士是一位外向型的人，性格活泼，并且以乐观的态度对待生活中的任何事。这类女性通常都比较聪明，反应机敏，可以说是大家的开心果，和她们在一起，所有的烦恼都能一扫而光。同时，这类女性的表现欲望也很强烈，她们常常会所做出一些博人眼球的事情来刷存在感。除此之外，这类女性的适应能力也很强，能够很快融入新环境，所以有较好的人际关系。

如果一位女性喜欢玩弄手中的空酒杯，通常来说，这类女性比较工于心计，虚荣心较强，喜欢炫耀自我，有时候还会有些任性，甚至有些目中无人。特别是在参加一些舞会或者晚宴时，当她们看上在场的某位男士，她们会主动发起进攻，不停地卖弄自己，以引起对方的注意。如果这位男士对另外一位女性有好感，她们会毫不留情地诋毁那位女士。在社交中，这类女性的性格通常具有较强的排斥性，她们也很喜欢趋炎附势，和有钱有权的人交往。

然而，由于她们这种高傲、过于强势的性格，很少有人愿意搭理她们，她们几乎没有什么朋友。

假如这位女性手中拿着酒杯，另一只手却一圈一圈地划着杯沿，说明这位女士为人稳重，喜欢思考，是一位理智的人。这类女性通常比较独立，性格比较叛逆，特立独行。她们喜欢结交朋友和接纳新事物，对其他人也很真诚，所以身边有很多朋友。尽管如此，她们还是很稳重，不喜欢过于张扬，会尽力做好自己分内的事。

假如一位女士喜欢握住高脚杯的脚，同时伸出食指，则表示此类女性的性格较为自负，自高自大，不把其他人放在眼里，同时，这类女性也很势利，只要是她觉得有利用价值的人，就绞尽脑汁和对方攀关系，有朝一日没有用了，就弃在一边，而且，她只和那些有权有势人交往，不屑于和比自己差的人为伍。这类女性的人缘通常很差，没有人愿意主动和这类人做朋友。她们做事时没有耐心，常常出纰漏，有始无终。总之，不管你正处于什么样的背景下，都要对周围人的性格特征有大致的了解，这是很有必要的。而一个人的真实性格，通常会由他的一些小动作反映出来，握酒杯的动作就是其中之一。可是，大部分人都会习惯性地忽略这些动作，觉得这些动作不值得关注。实际上恰恰相反，这些习惯性的小动作正好可以帮助我们了解一个人真实的性格特点。

因此，大家千万不要忽略身边人表现出来的小动作，比方说拿酒杯，因为这些不起眼的小动作往往最能反映真实的人心。

男人的朋友，就是他性格的侧面反映

有一天，有人来找伯乐帮忙，此人说他的朋友送给他几匹马让他挑，他想让伯乐帮他看看品相如何。伯乐头都没抬，便问道："马在哪里？"

"我牵过来了，就在门外面。"

"行了，那你先把马牵到马棚里去吧，我等一会儿过去看。"

过了半天，那人见伯乐还没去，便着急了。伯乐对他说："跟我的黑马在一起的是匹好马，跟我的白马在一起的是匹劣马，你自己去看看吧。"那个人按照伯乐说的方法去看，果然选中了一匹好马。

那人非常好奇，怎么伯乐连马的样子都没看见，就知道哪匹是好马，哪匹是劣马呢？伯乐对他说："这很简单啊，我的黑马是好马，白马是劣马，看看你的马跟什么样的马在一起，就八九不离十了，其实看人也一样。"

伯乐相马的故事一时被人们传为佳话。

俗话说，"道不同，不相为谋"，"近朱者赤，近墨者黑"，在实际的社交中，个性相同或者经历类似的人容易成为好朋友。所以说，你想快速地了解一个男人是什么样的人，就从他的朋友入手，他朋友们的平均性格，就是他的性格特点。

晓雯对楼上公司的阿峰心生好感，恰好有亲近同事的朋友在楼上公司上班，与阿峰在同一个部门。同事知道后，计划撮合晓雯和阿峰，于是休息时经常约大家出来玩。通过几次交流，晓雯觉得阿峰这个人性格开朗、风趣幽默、眼界开阔，和自己很谈得来，对他的好感更多了。后来，两人的交流越来越多，晓雯也认识了不少阿峰的朋友，发现他的朋友们也都是很有生活情趣的人，有的喜欢攀岩，有的喜欢健身，有的一年一定要出去旅游几趟，还有的是名副其实的生活发烧友。晓雯虽然对阿峰有好感，但迟迟不敢下决心与他展开交往，通过对阿峰朋友的了解，晓雯确定了阿峰是个可靠的人，因为他身边的朋友都这么正能量，阿峰一定不会差到哪里去，后来的事实证明，晓雯的想法是对的。

有些男人的朋友圈每天都是花天酒地，不是这里有饭局，就是那里有party，这说明这类男性周围都是一些酒肉朋友，他的个性可能也比较随意，豪爽，不拘小节。但是此类男性容易形成攀比、吸烟、酗酒等不好的习惯，所以在交往时，你自己也要多留心。

还有的男人的朋友圈充斥着心灵鸡汤，这类男性通常比较愤世嫉俗，比较理想主义。虽然此类男性的性格比较和善、委婉，但是他们的生活通常比较单调乏味，没什么色彩。

其实通过一个男性的朋友，我们能够得到很多有用的信息，可以此分析这个男性的性格特征：

1. 朋友大多是老同学、老战友的男性

现在还和之前朝夕相处的战友和同学保持着联系，说明这类男性比较讲义气。大家都知道，学生时代的友情和军旅期间的战友情都是非常真诚的，前者共同努力寒窗苦读，后者出生入死征战沙场，这样的感情很难忘。这类男性通常为人很真诚、仗义，讨厌钩心斗角的环境，当他们对现实生活很不满意时，常常把情绪写在脸上。

2. 朋友大多是同事的男性

假如一个男性的朋友多为工作上的同事或者合作伙伴，那么此类男性的性格通常很平和，脾气好，是个老好人，很受大家的欢迎，他们很渴望过上安稳的生活。但是，在职场这样复杂的环境里，他们还能在各方人际关系中游刃有余，说明他们也不简单。

3. 朋友鱼龙混杂的男性

一般情况下，这类男性的朋友圈非常复杂，什么样的人都有。虽然他们在与你相处时表现得彬彬有礼，举止得体，但是这也许是障眼法，还是多多观察、小心交往为好。假如你周围有这样的男性，还是要多提防。

4. 朋友圈里都是长辈，或者年龄段稍大的男性

假如一个男性的朋友圈里都是一些长辈，或者年龄稍大的人，此类男性通常比较成熟。他们有很鲜明的个性，通常学习能力很强，

思考问题很全面。他们觉得，自己可以从这些"过来人"身上学到不少经验，让自己少走一些弯路。因此，这类男性对事业的成功有强烈的渴望，是一个有理想、有野心的人。

每个人都不可能是孤岛，朋友是生命中最宝贵的部分之一。俗话说"物以类聚，人以群分"，可以说，身边的朋友就是一个人性格的反映。总的来说，想要读懂一个男人，不妨从他的朋友开始。

从购物、逛街方式看女友的性格特征

买买买是女人的天性，经常会在朋友圈看到女性朋友说"再买就剁手"这样的"虚伪"宣言。对于女性来说，购物已经成为日常。美国一家媒体针对某购物网站 1000 名年龄在 18 ～ 50 岁之间的女性会员进行了问卷调查，结果表明，这些女性平均每三天就会有购物的想法。

营销界有句至理名言：把东西推销给女人就行。随着社会的进步，女性对生活的要求越来越高，不仅要精神自由，在经济上也要独立。这样就使得女性在金钱上有很强的支配能力。

晓蓉和阿英是室友，有一次，晓蓉和阿英相约去超市选购生活用品。晓蓉一进超市就忘乎所以，推着手推车这里走一走，那里看一看，已经忘了自己的同伴阿英。不一会儿，晓蓉的手推车里就堆成山了。

阿英看着晓蓉的背影摇摇头，从包里拿出自己的购物清单，推着手推车，不紧不慢地选购自己需要的物品。选购完后，阿英对着清单检查了一遍，确定都买齐了，就找到晓蓉一起去收银台结账。

最后回到家，阿英整整齐齐地把买回来的东西放到柜子里，而晓蓉却愁眉苦脸的，因为她发现，由于自己一时冲动，买的大部分东西都是没用的。在工作上也是一样，晓蓉性格外向，做事风风火火，常常犯错误；而阿英却处事谨慎，做事井井有条，对工作认真负责，很少出错。

女性的购物习惯不同，反映的性格也不一样。每一种购物方式都能体现出她独特的内心世界。在日常社交中，我们通过一个女性的购物习惯就能了解她的性格特点：

1. 喜欢购买打折商品的女性

这种女性为人很实际，很会过日子，因此，她们的性格中带一点贪小便宜的特点，甚至会唯利是图。当她们遇到某些棘手的事情时，会先和对方商量，由于她们性格非常固执，最后很难妥协，一定要按照自己的想法处理。这类女性通常内心较为封闭，很难相处。

2. 看到喜欢的东西非买不可

有的女性看到自己十分中意的商品，不管价格有多贵，也不管它实不实用，非买不可。这类女性通常性格比较冲动，容易感情用事。在日常交往中，这类女性不太受人欢迎，因为她们常以自己为中心，很少考虑他人的感受。

3. 只逛不买的女性

有的女性逛街时只看不买，这样的行为纯粹是为了打发时间。虽然她们在逛街过程中看到自己喜欢的衣服会试穿，但是她们绝对不会购买。现实生活中，这类女性对新鲜事物的接受能力很强，喜欢多接触外面的世界。但是另一方面，她们不买不是因为她们没钱，而是她们根本没打算买这件衣服，她们之所以会这样做，只是为了显示自己而已。这种女性做事很有规划，比较善于理财。

4. 喜欢按照清单购物的女性

喜欢列购物清单的女性，通常有很强的组织纪律性，做事很有原则。不管大事小事都要按照自己的计划、步骤去完成，也许还有一点强迫症。但是，这类女性通常比较健忘，所以她们才会把自己想要买的东西写在纸上。不仅如此，这类女性的思想也比较木讷，遇到紧急情况不会随机应变，反应较慢，假如发生严重的事情，她们就直接"死机"了。

5. 购物前很谨慎的女性

在购物的过程中一定要三思而后行的女性，通常来说为人很谨慎，从不随便做决定，而且责任心很强，可以完全放心地把工作或重要的事情交给她们。

6. 喜欢全家一起出动的女性

这种女性通常比较传统、保守，在她们心中家庭是最重要的，她们一切行为的基准都是以家庭为主。正因为如此，她们的家庭环境通常很和睦，很少发生争吵。但是，她们也非常理想化，大部分想法都是空想，很难实现。

7. 购物速战速决型的女性

在购物过程中，火急火燎的女性很常见。她们不管是购买大宗家具，还是小件日用品，都是风风火火地赶紧选购，赶紧交钱，不想在商场多逗留一分钟。这类女性通常性格较开朗、直接，做事雷厉风行，快人快语，很适合做朋友，因为这样的女性通常也没什么心机。但是她们也有缺点，就是容易冲动，不太能控制得住自己的脾气。

购物可以说是女性最爱的解压方式之一，通过女性不同的购物习惯，我们能够看出她们不同的性格特点，找到与她们相处的最佳方式。

根据男友送的礼物，读懂他的心

在日常社交中，我们经常会送别人礼物，也会收到别人送给自己的礼物。送礼物的目的各不相同，有的是出于祝福，还有的只是人际交往的必需。然而，男朋友就不一样了，对别人可以虚情假意，但是对女朋友必须真心实意。通过男朋友送你的礼物，你可以一秒读懂男友的心。

《情深深雨蒙蒙》里，杜飞追如萍的过程可谓是"花样百出"，从"肋骨"到"如果"，从"如果"到"如意"，从"如意"到一只只精致的鸭子艺术品，再从鸭子到宠物狗乐乐，虽然这些礼物看起来千奇百怪，可无不表现了杜飞对如萍的用心，最后他终于抱得美人归。

有的男生在选择礼物时，总是喜欢挑选一些有幽默感或者很有特色的礼物，让收礼物的人高兴起来，杜飞送给如萍的礼物不正好体现了这一点吗？这类男生通常为人热情、随和，而且他们的头脑也很灵活，能够敏锐地觉察出对方的情绪，表现欲望也很强烈，但是在表达自己的感情方面却不在行。他们言而有信，说到做到。这说的不正是杜飞吗？看来，看礼物，读男友，是非常行得通的。我们不妨再来看看其他的情况。

有的男生喜欢买一些比较廉价的礼物，这类男生通常喜欢追求一些表面的东西，但是又希望对方觉得自己是一个很注重内涵的人。比方说，一位男生并没有想念自己的女友，却买一些非常廉价，但是又还比较拿得出手的东西送给她，告诉女朋友自己时时刻刻都在想她。这种类型的男生做事没有条理，容易意气用事，花了时间却做了一堆无用功。而且，这类男生通常心胸很狭窄，经常为一些鸡毛蒜皮的小事斤斤计较。

有的男生喜欢选一些很实用的礼物送给女朋友，反映出他是一个很现实的人，虽然他们也非常期待浪漫，知道制造浪漫会让女朋友开心，但是由于一些现实条件的制约，他们就开始打退堂鼓。这类男生通常比较实在，他们更偏向于脚踏实地过日子，因此也用自己的标准要求女朋友，所以，两人常常会发生矛盾。

那些天生浪漫的男生在给女朋友选礼物时非常认真。因为充满浪漫细胞的他们，总是绞尽脑汁给女朋友制造惊喜、制造浪漫，女朋友看到这一切非常开心，两人的感情更加坚固。正是由于这种浪漫的性格，所以，这类男生很受女生欢迎。他们通常家庭富裕，衣食无忧。然而，并不是每个家庭都这么富有，所以，有些浪漫的男生虽然表面上风光，其实内心十分空洞。

在给女朋友送礼物时选择盆栽等植物的男生，大多比较内向，性格比较自卑，有依赖性。他们总是怀疑自己，觉得自己对女朋友不够用心，常常否认自己，因此，这类男生也比较缺乏责任心。

按照自己的喜好给女朋友挑选礼物的男生通常比较自私，以自我为中心。在他们的世界里，自己就是最重要的，因此他们很少顾及女朋友的感情。同时，这类男生目光比较短浅，只看得到眼下的利益，从不考虑未来的发展。他们通常很自信，或者说是自负，有时候他们对女朋友非常严厉，甚至有些大男子主义，不达目的决不罢休。他们对于关系到自己利益的事情非常上心，绝不吃一点亏。

还有些男生在给女朋友选礼物的时候有钱任性，不买最好的，就买最贵的。因为在他们的世界观里，礼物的价格越高，自己的心意就越多，就越有价值、有意义。他们从来不考虑这件礼物是否适合自己的女朋友，只要最贵就好。这类男生通常比较虚荣，爱面子，而且不脚踏实地，不仅如此，他们的逻辑能力好像也有些欠缺。

喜欢自己 DIY 礼物送给女朋友的人，大多数比较有艺术细胞，独具个人特色。这类男生的想象力和创造力都很强，会有一些让人耳目一新的小发明、小创造。他们心灵手巧，对待礼物的态度非常认真。这类男生家庭观念很重，思想比较传统，但是为人随和，有爱心，同时也很有自信。

随着时代的进步，男性对于送女朋友礼物这件事越来越重视，毕竟这关系着他们的"生死存亡"。在送礼物时，男友都有自己的独特的选择，而每一个礼物的种类、特性也反映着这个男友的性格。所以说，对于女性来讲，一定要善于通过男友送礼物的方式，去了解他们的性格和个性。

男人说你傻，表示他爱你

周末的一天，陈方明正想着不用工作，可以睡上个大半天，好好享受这假日时光时，朋友林新已经咚咚咚地敲开了他家的门，于是他的美梦就这样被打碎了。开始陈方明还以为是林新和女朋友又吵架了，毕竟这种情况他已经见怪不怪，习以为常了。所以他便没有和林新过多地谈论，就把他晾在了客厅里，自己去洗手间洗漱了。

可是当陈方明慢悠悠收拾完自己，从洗手间出来时，却发现这个平时像话唠一样的男人静静坐在沙发上，若有所思地想着事情。看他那样，陈方明不免觉得他肯定是遇到了什么难过的事情。

禁不住陈方明的软磨硬泡，林新终于吐露了实情。原来，大清早林新的妈妈便给他打来了电话，母亲在电话里直嚷嚷着要和父亲离婚。母亲说，自己嫁给父亲大半辈子了，却从来没有过自己能做主决定的事，全都是父亲一手安排。每次想发表点自己的意见的时候，父亲就会在一旁不停泼冷水，并总说"你傻啊！"时间长了，母亲觉得自己在对方眼里似乎变成了一个一无是处的笨蛋、傻瓜。

就好比这次，母亲和父亲商量着在老家盖新房的事情，结果商量了许久，两人也没有达成一致意见。后来父亲说了一句"你傻呀，就会添乱"，把之前商量的所有事情都给否决了。于是母亲认为自己这大半辈子一直受到父亲的轻视，所以一气之下就提出了离婚，并且还对林新说，就算是父亲赔礼道歉，自己也不会原谅他。

而林新劝了好久，母亲也没有打消离婚的念头，林新心中正郁闷烦恼，女朋友刚好打来了电话。问过原因，女友觉得因为这点小事就闹到要离婚的地步，有点小题大作了，于是就忍不住吐槽了几句。此时的林新正为家中之事气恼着，所以就毫不客气地对着电话那头说了一句"你怎么那么傻呢"。女朋友听完立即就挂断了电话，正当林新纳闷之时，电话又响了。还没等自己开口，女朋友就在电话里说："既然你觉得我傻，那么我们分手好了。"林新一时之间被这句话惊呆了，待反应过来，便赶紧跑到女朋友家，万般认错，好说歹说，总算是让女朋友消了气，并挽留住了对方。

只是林新实在有点想不明白，就这么一句随口而出、简简单单的话，竟会让女人这么生气与冲动。在自己的概念里，"你傻"明明就是男人间接表达爱意的情话，怎么到了母亲和女朋友那里，就变成了不尊重对方、瞧不起女人的意思了呢？

其实，这只是男人与女人思维意识上的想法观点不同而产生的分歧。男人随口而出的那句"你傻"并不是看不起对方、不尊重对方、否决对方的意思，恰恰相反，它包含了男人内心深处对女人的浓浓爱意。

林新的父亲经常会对老伴儿说"你傻"，其实只是想表达出一种对林新母亲的爱。他明白老伴儿对这个家庭的辛苦付出，所以一直想着要好好保护与爱护这个女人。只是自己身为男人，有时候实在是说不出那些肉麻的情话，所以便会以自己所认可的方式来表达，却遭到了对方的误解。

男人对待感情的态度一般是内敛而含蓄的，有时候会把爱埋藏于心底，在言语上却不知该如何表达才是最直接有效的，所以一不小心就会引起女人的误解。"你傻"在很多时候是男人在以一种无声的方式表达自己的情感，这种爱其实很真挚、很纯粹、很无私，更代表了男人不愿意女人受到伤害的愿望。

在男人们看来，自己在说出"你傻"这句话时，心里根本就不存在对对方的轻视。这就好比女人在恋爱期间所经常表现出的言不由衷一样，嘴上这样说，心里所要表达的却是另一层意思，所以一般不是爱到深处，男人是不会轻易对一个女人说出这样的话来的。

伴随着时代的发展与社会的需求，如今的女人们越来越独立，越来越能干，所以一些女人对于还拥有着大男子主义的男人非常厌恶。她们认为这类男人思想传统、守旧呆板，不懂得尊重女性，瞧不起女人，所以现代的女人对于男人谈论女性的语言会特别敏感。如果一个男人经常把"你傻啊"挂在嘴边，那么此类人便很容易受到多数女性的炮轰，甚至遭到对方的误解。

只是女人往往不会深入地去想这句话背后所要表达的含义。如果一个男人经常对你说"你傻啊"，记住千万别生气，因为这是对你爱的表达。也许你会纳闷，但事实却真是如此。男人的爱与女人的爱有着很大的区别，他们不会像女人那样明白无误地表达出来，而是会用一些特殊且女人不太能接受的方式去表达、去传递。所以，当你在生活中遇到一个会对你说"你傻啊""你个大笨蛋、傻瓜、傻女人"的男人时，一定要记得好好珍惜，因为这便是他深爱你的表现。

爱，不一定要用甜言蜜语来表达。在这个世界上，每个人表达爱的方式都不同，只要深爱，哪怕是一句看似普通的话也是他内心深处对你浓浓爱意的表达。

闻香识女人，香水折射女人的性情和修养

香水，似乎天生就对女人有着不同的意义。无论是明星艺人，还是家庭妇女，都难以抵挡住香水的诱惑。而同时，在一些特定的场合下，女人也可以用香水的味道征服喜欢的男人。

关于香水对女人的意义，有这样一个故事很形象地说明了一切：倪匡首次去琼瑶家里拜访她时，琼瑶问道："我该用什么好东西来招待你呢？"倪匡幽默地回答道："以法国最著名的东西

吧！"琼瑶听完立刻走进房间，拿出一瓶香水往空中一喷说："来闻一闻吧，这就是法国最著名的东西。"倪匡哭笑不得。

事实上，倪匡说的最著名的东西是白兰地，但琼瑶却认为法国最著名的东西是香水。可见，香水对于女人来说，犹如宝石一样珍贵。

可可·香奈儿曾说："只要是想被爱人亲吻的地方，都可以洒上香水。"而相传很久很久以前，爱神阿佛洛狄忒的手指被玫瑰刺伤，她所流出的鲜血会发出一种很奇特的香味，并久散不去。这个美丽的传说从一开始就注定了香水与浪漫的爱情故事之间的解不开的缘分，生活中很多爱情也会因为香水而水到渠成。

所以，男人要想了解一个女人，可以从女人所使用的香水类别来读懂她的性格特征和性情。下面，我们将从9个方面来解读一下香水味道与性格特征、性情的关系：

1. 喜欢东方型香水的女人

这类人往往性格比较内向，不善于交际，喜欢独来独往。但心地善良，凡事会站在他人的角度去考虑问题，会为他人着想，向往自由自在的生活。

2. 喜欢花香的女人

这类人多半是性格外向之人，有主见且意志力坚强，对人真诚。不管经历什么都能保持一种良好的心态去笑对生活，能够担负起一定的重任，处理事情也游刃有余。

3. 喜欢浓烈香水的女人

有些女人喜欢喷洒一些味道特别浓烈刺鼻的香水，这类人往往特别善于交际，并能很好地处理各种突如其来的危机。她们性格热情大方，积极乐观，心情不会因为琐碎之事而受到影响。

4. 喜欢名牌香水的女人

这类人喜欢关注时尚流行趋势，眼光比较挑剔，有时候甚至会目中无人。她们讨厌平平淡淡、一成不变的生活，渴望被关注，得到更多人的关心与爱护。

5. 喜欢树木香水的女人

这种类型的女人性格既不会特别活泼也不会特别文静，她们心思细腻，做事谨慎小心，丝毫不敢有半点马虎，凡事力求完美。她们有着自己的原则，也不会轻易去触碰他人的底线。

6. 喜欢水果香味的女人

喜欢水果味道的女人，性格一般大大咧咧，随和开朗，不会计较生活中的得与失。对身边未知的事物充满着求知欲，为人真诚善良。

7. 喜欢香草味的女人

喜欢此味道的女人，大多是性格直爽、心胸宽广之人，遇事不喜欢胡搅蛮缠，喜欢大事化小，小事化无。所以即使遇到难缠的事情，她们也能处理得得心应手，并及时化解。

8. 喜欢淡雅型香水的女人

喜欢这种味道的女人在生活中一般都是比较独立的，做事不喜欢拖泥带水，可以高效率地完成各项工作，干净而利落，非常讲究质量与时效。她们相信一份耕耘一份收获，不喜欢碌碌无为。

9. 不用香水的女人

也有些女人不太喜欢用香水，虽然她们只是生活中的平凡人，但她们却性格温柔似水，用一腔真挚的热情对待着家人与朋友，体贴而勤劳。

爱情诚可贵，如果你想找到一位心仪的女孩，不妨从一瓶小小的香水中去判断她的内在性情与修养，这样可以让你很快找到"miss right"。如果你正在与你心仪的女孩交往，也可以通过香水的味道去读懂她的性情与修养，这样有助于你们更好地交流相处。

由此可见，香水具有强大的魅力，使女人将自身的娇羞、骄傲、畏惧、向往、自信、坚强、野性全都锁在或清淡或浓艳或妩媚或优雅或妖冶的芬芳之中。俗话说"闻香识女人"，说的就是人们可以通过女性身上所留下的香水的味道来识别她的性情与修养。不同的香水味道适用于不同的场合与不同的年龄阶段，所以女人们在选用香水的时候，一定要记得挑选符合自身性格特征与气质形象的香水类型，以便能在香水的衬托下更好地释放出自己独特的气质与魅力。

她若情感走私，必有细节体现

任何人都不会把自己的"外遇"宣之于口，特别是处事一向小心谨慎的女性，你想从她嘴里得到真实答案是非常困难的。但是，若要人不知，除非己莫为，作为男性，想知道自己的另一半有没有做一些出格的事情，留心她的反常行为就行了。

郭强和女朋友小玉交往三年了，两人十分恩爱，已经到了谈婚论嫁的地步。可是最近，小玉的行为却很反常。一天下班后，郭强接到小玉的电话，说晚上要加班到很晚，就不回家了，暂住同事小孙家里，第二天上班也比较近，可以多睡会儿。郭强想都没想就答应了。

挂了电话没多久，郭强打电话给小孙，表示女朋友给她添麻烦了，向她表示感谢。可是小孙一头雾水，对郭强说，自己今天不加班，早就到家了，而且也没听说小玉要加班。

郭强联想到最近小玉总是偷偷摸摸的，常常对着手机傻笑，自己想看她又不让自己看；小玉常常晚回家，关心她的安全给她打电话，她总是回答得吞吞吐吐的。于是郭强打开手机定位，在小玉公司附近的一家餐厅发现了她，郭强看到小玉正在和她的前男友私会，两人谈笑风生。郭强心灰意冷，第二天就和小玉分手了。

事实上，任何女性，哪怕她是一个伪装高手，若是情感走私，必会有细节体现。具体表现如下：

1. 平常的生活习惯、工作习惯突然发生改变。她总是无缘无故地加班，对公司一切活动，比如团建、联谊会、员工旅行等变得特别积极。

2. 她突然变得十分注重自己的外表。性感的内衣通常是外遇必备杀器，每当你的另一半晚归时，里面总是穿着新买的情趣内衣，或者当你的另一半出差时，行李箱里有这些装备，那么她很有可能有情况。

3. 经常接到莫名其妙的"沉默"骚扰电话。她的电话像是出了什么问题，一接起来要么是听不到声音，要么听到你"喂"了一声后就马上挂断。如果这种情况多次出现，很有可能这就是外遇的前兆。

或者，她突然抢着接电话。当她的电话响起，即使她在很远的地方，也会匆忙飞奔到电话旁对你说："别动，让我来接。"而且接电话后声音很低沉，好像故意不让你听见，还没说几句就连忙挂断。

4. 她常常心不在焉。在家时，她总是坐立不安，好像有什么事等着她去做，甚至在梦中轻声呼唤一个异性的名字，以往对你的体贴和关怀消失得不见踪影。

5. 她对你的态度变得非常反常。她和你的交流越来越少，或者说她已经懒得和你交流，在你面前她常常提起某个异性的名字，突然不提了。她经常对你说一些不着四六，或者以往她绝对不会说的话。

6. 她的行踪变得很可疑。她突然对工作变得非常积极，当你给她打电话时常常不通，就算打通了，她也是用一句"在开会"或者"领导在旁边"敷衍你。她的业余兴趣班变得多了，常常晚回家，甚至身边还有朋友发现她和其他异性出入酒店等场所。

7. 她突然变得易怒、暴躁。女性有外遇时，为了平衡自己的心理，有时候会故意找茬挑衅你，当你发脾气时，她反而觉得你对她不好，给自己找了一个正当的出轨理由。

8. 周围的人看你的眼神很特别。她有外遇时，周围的朋友知道这件事，又不知道该不该告诉你，怎么告诉你，因此陷入尴尬两难的境地。因此，他们看你的眼神总是怪怪的。

9. 以前的她总是唠叨你的怀习惯，现在她却睁一只眼闭一只眼了。包括她不再抱怨夫妻生活不和谐，因为她现在能从另一个人那里得到满足。或者夫妻生活习惯突然改变，她变得花招十足，而你却招架不住。

10. 她开始非常卖力地存私房钱。你的另一半和外遇情到浓时不能自拔的时候，自然需要更多的花销，好为他们两个人的以后做打算，而你此时已经变成一个"外人"，财务不透明，她对家庭的开销也变得十分计较。

11. 孩子性情大变。孩子通常是非常敏感的，一旦母亲有外遇，孩子会很敏感地觉察到。在他们的潜意识里，会觉得是自己不听话才会导致妈妈这样，在巨大的精神压力下，可能会出现黏人、无理取闹、做噩梦等现象。如果你们的孩子已经进入叛逆期，那么可能会出现逃课、酗酒、打架等情况，严重者还会走上歧途。孩子主要是想通过自己严重出格的行为把妈妈拉回来。

上面是女性情感走私的一般表现，但这并不是说有了这些情况就一定是出轨。但是可以肯定地说，如果出现以上大部分情况，那么情感走私的情况就八九不离十了。

他若风流花心，心细便可预见

每个男性对待女性的态度都是不一样的，有的男性十分绅士，是个可靠的好男人。有的男性朝三暮四，风流成性，是一个招蜂引蝶的"渣男"。我相信没有人会喜欢这样的男士。所以说，对于女性来讲，睁大眼睛，趁早识别男性的真面目，是很有必要的，这不仅可以让自己节省有限的青春，还维护了自己的尊严。

朋友最近给圆圆介绍了一个男生，双方对彼此的印象都还不错，决定继续交往下去。有一天，男生邀请圆圆吃饭，在用餐的过程中，男生表现得落落大方，讲话风趣幽默，圆圆差一点就完全投降了。

可是，中途男生的电话响了，圆圆瞟了一眼，是一个陌生号码。男生马上起身去接，圆圆看到男生接电话的时候气急败坏，又不好发作，回到座位上时，明显脸色都变了，却还故作镇定地说，是工作上的事情。

交往一段时间后，圆圆提出去男生家里看看。当圆圆提出这个想法时，男生显得非常紧张，看样子不太愿意让自己去，男生说："你想去我当然欢迎啊，不过和我合租的室友性格比较内向，不如下次吧。"一个下次又一个下次，圆圆已经失望了。

有一天，有个同事对圆圆说："经常跟你约会的那个男生是你男朋友吧，我才发现他跟我住在同一个小区，不过，我说个事儿你别生气啊，我昨天早上看到一个女孩儿跟他一起出来。"听到同事这么说，圆圆火冒三丈，立马找那个男生理论，男生只能坦白。原来之前一段时间，他在和自己的女朋友吵架，跟圆圆约会完全就是为了气自己的女朋友。听完，圆圆赏了这个渣男一个大耳光，转身就走了。

如果圆圆在吃饭时就通过男生鬼鬼祟祟接电话的样子发现其中的猫腻，果断止步于此的话，也就不会有后面的"狼狈"，让自己受到伤害。

在对待渣男这个问题上，女性绝不能心慈手软。那么，对于女性朋友来说，在日常社交中应该如何识别"渣男"呢？实际上，只要你留心观察，他们的狐狸尾巴自然就露出来了。我们可以从以下几个方面入手，撕开"渣男"的伪装：

1. 看他在公共场合如何对你

花花公子或风流成性的渣男，只会在和你单独相处的时候对你百般亲昵，甚至提出一些过分的要求。但是在公共场合，他们看上去却人模狗样，一副文质彬彬的样子，而且会跟你保持距离，好像是陌生人一般，绝对不会介绍说你是他的女朋友。

如果你和他的朋友们在一起时，你应该让他介绍你是他女朋友，而且要注意他介绍你的时候的表情。如果不行，就找机会在大家面前对他做一些很亲热的动作，看看他的反应。假如他和其他的女生也保持着暧昧关系，那么他的表情一定会非常尴尬。

2. 观察他接电话和看手机的方式

假如他在和你约会时，正好有另外一名女性给他打电话，他的表现一定会很不自然。因此，"渣男"中的老司机通常会把手机调成静音或者振动模式，这样在和你约会时，即使有人给他打电话，他也可以借口去卫生间去接电话，而你丝毫都察觉不到。但遇到这种情况，不妨找机会看看他手机中的最近通话，说不定有迹可循。

3. 询问他的收入和消费情况

其实，想当花花公子也是个技术活儿，既费钱又费精力，所以说，他的经济支出一定是一个可观的数字。即使他的薪水很高，但还是会出现入不敷出以及和他的收入完全不相符的消费情况，而这些消费常常出现在商场、餐厅、酒店等场所，这种情况下，他很有可能对你不专一，还有别的对象。

4. 说去他家看看，观察他的反应

如果他是一个花花公子，他肯定不会带你去他的家，就算你坚持要去，他也会想方设法地拒绝。既然如此，不如你直接到他家楼下，给他打电话说刚好路过来看看他的父母，搞一个突然袭击。如果他言语慌忙地拒绝，说明他一定有问题。就算没有其他暧昧关系，也是一个不值得托付的对象。

5. 经常观察他的表情

假如一个男生刚和其他的暧昧对象私会完，他也会心怀愧疚，所以，他会对你莫名其妙的殷勤，帮你干活儿，或者送你礼物。你也可以耍个小心机，和他缠绵一番，在他沾沾自喜时对他说："昨天下班后，我一个同事在酒店门口看到你了……"如果他心中有鬼，肯定会问："他看见什么了？"不过，这个"心机"不能常用。

6. 他跟你约会的时间是否固定

花花公子常常会和许多对象约会，那么如何安排约会时间是对他们技术的考验。通常，他们会把和同一个对象的约会时间安排在固定时段，这样才不会出现冲突的尴尬。你不妨选一个你们不常约会的时间，给他来一个突然惊喜。假如他对你的出现非常惊喜，也很开心，说明他是真心对待你；假如他面露难色，显得尴尬，不用多说，你已心知肚明。

爱情是美好的，幸福的爱情是每个女孩的向往。但也不能被一时的甜蜜蒙蔽了双眼。在两人的交往中，女生们还是要多留意另一半的行为举止，一旦发现异常，尽早处理，不要让自己大好的青春白白浪费。